JN146722

QCサークル活動運営の基本と工夫

ヤル気・ヤル腕・ヤル場の三づくり

山田佳明 編著
須加尾政一　藤本高宏 著

日科技連

はじめに

これからQCやQCサークル活動を学ぼうとされる方を主な対象に，わかりやすく解説し理解していただくことを目的にした,「はじめて学ぶシリーズ」を発刊して，本書は第7弾目となります.

“QCサークル活動運営”について，各サークルを取り巻く環境がすべて異なり，また，その変化も激しいことから，一律的な運営方法の適用だけでは思うように活動が進まず，悩み困っているサークルが少なからず存在しています．これらの理由から，これらの悩みを少しでも解消し，スムーズなサークル運営でQCサークル活動の基本理念を一歩ずつ実現できる参考になれば，と今回“QCサークル活動運営”を取り上げました.

QCサークル活動をどのようにすれば円滑に進めることができるのか，そして多くの成果を得ることができるのか，そのためのポイントは，以前から参考図書などで述べられています．筆者も所属していたQCサークル京浜地区の幹事仲間で交わしていた,「ヤル気，ヤル腕，ヤル場の三づくり」はその一つで，既刊の『QCサークル はじめ方・すすめ方』(日科技連出版社，1985年)で解説されています．今回，この「ヤル気，ヤル腕，ヤル場の三づくり」を再度取り上げ，時代の変化にも即した内容で,「QCサークル活動運営の基本と工夫」として,“ヤル気づくり”,“ヤル腕づくり”,“ヤル場づくり”の三づくりをキーにまとめました.

本書では，三づくりをそれぞれの視点で取り上げていますが，相互に作用してさらに醸成もされます．また活動そのもののステップアップにも適用できるよう編集しており，多くの場での参考としてください.

また，本シリーズを継続して出版する機会を与えていただきました，㈱日科技連出版社の田中 健社長をはじめ，貴重な助言をいただきました，取締役の戸羽節文氏，石田 新氏に深く感謝申し上げます.

2018年3月

山田佳明

第1章

三づくりは QCサークル活動を進める基本

第1章では，QCサークル活動にどう取り組んでいけばいいのか，そのはじめ方と進め方の基本として，本書の主題である「ヤル気，ヤル腕，ヤル場の三づくり」の必要性を述べます．

まず，三づくりの必要性をご理解いただき，後述の具体的な解説へと進んでください．

1-1　QCサークル活動はどのようにして誕生したのか

次の文章は，QC サークル活動に関するものです．正しい内容には○を，正しくない内容には×をつけてください．

質問 1．QC サークル活動は，戦後に品質管理(QC)とともにアメリカからもたらされ，日本で独自の発展をしたものである．

質問 2．QC サークル活動は，職場第一線での品質管理の勉強と実践を目的にスタートしたが，活動過程で人の能力の発揮や向上，そして明るい職場づくりに寄与することが判明し，人間性を尊重するようになった．

これらは，ある QC サークル研修会の冒頭に行われるプリテストの一部です．みなさんはどのように解答されましたか？

質問 1 の答えは×，質問 2 は○です．特に質問 1 を「そのとおりだ」と解答する方は 7 割を超えます．これらの内容を知らなくても，QC サークル活動を進めていくうえではさほど影響はないかもしれませんが，今自分たちが取り組んでいる QC サークル活動が，そもそもどのようにして生まれたのか，QC サークル活動の基本とは何なのかを理解することで，正しく活動に向き合うことができると思います．

本書は，QC サークル活動の基本を詳細に解説することが主旨ではありませんが，本文では随所で触れますので，最初に QC サークルのルーツと活動の基本について確認してもらうというねらいで解説します．

QC サークル活動の基本や QC 手法などの詳細については，既刊の「はじめて学ぶシリーズ」を参考にしてください．

(1) QCサークル活動は日本で生まれて育った

インドの小学生サークル

QCサークルの誕生は，1962年4月に発刊された雑誌『現場とQC』誌(現在の『QCサークル』誌)創刊号の中で，編集委員長の石川馨先生(当時，東京大学教授)が「この雑誌を中心にして，読者QCサークルを作っていただいて，現場に地に着いたQC活動が行われるように…」と呼びかけられたのがきっかけでした．

品質管理(以下，QC)そのものは，1950年に開催されたデミング博士による品質管理セミナーが，日本における企業・団体への品質管理の導入への引き金となりました．その後の各社における品質管理の導入・推進において，現場第一線では職・組長をリーダーとしたグループによる「職場検討会」や「職場懇談会」といった名称で，品質管理の進め方の勉強と実践がすでに行われていた企業もありました．そういう中で，『現場とQC』誌の発刊とQCサークル結成の呼びかけが，各社の期待に呼応し受け入れられたといえます．

このようにして誕生したQCサークル活動は，すでに半世紀を過ぎ，日本ばかりでなく多くの国々へ広まっています．国際QCサークル大会も毎年開催されていますし，インドでは小学生サークルが存在します．QCサークル活動は日本で生まれ育ち，そして世界に多くの仲間がいることを忘れないようにしたいものです．

(2) 品質の作り込みは自分たちが責任をもつ，が活動の原点

『現場とQC』誌が発刊に至った経緯を調べてみると，QCサークル活動の原

点を確認することができます．

それは，1961年7月のある座談会に見ることができます．当時の品質管理の参考書として，雑誌『品質管理』誌がありましたが，これは管理図の活用など主に統計的品質管理を中心とした，部課長・スタッフ向けの専門誌でした．この『品質管理』誌の編集委員会の主催で，現場第一線の職・組長から現場の活動における問題点や苦労話を聞くための座談会が開催されました．

そして，出席した職・組長から出たのは，現場の苦労話というより次のような要望でした．

現場第一線で働く者にとって，気安く読めて勉強になり，新鮮な情報を提供してくれる雑誌が欲しい

この職・組長の要望の背景には，品質管理の実践は専門知識を有する部課長・スタッフが担っており．また品質管理の教材や参考書も部課長・スタッフ向けであり，手にとりにくい状況がありました．しかし，現場で実際に品質を生み出しているのは自分たちであり，自分たちが品質管理を実践すべきである，との強い意思が読み取れます．

つまり，「現場で品質を生み出している自分たちが品質に責任をもつ，そのために品質管理を勉強し実践する」，が『現場とQC』誌発刊への原点であったと，筆者は理解しています．この原点を忘れないよう，品質管理を学び実践していきたいものです．

(3)　QCの実践から多くの成果を創出

各社でのQCサークル活動導入・推進とともに，活動を支援する体制も整備され、QCサークル本部や全国推進組織の設置，全国大会の開催，全国表彰制度の創設などQCサークル活動の基盤が築かれていきました．

そして，QCサークルが発足した当初の活動の主な目的は，現場第一線におけるQCの定着にありましたが，活動を積み重ねていくと，当初は想定されていなかったQCサークル活動による成果の報告が相次いでなされるようになります．それは，「QC サークル活動を通じて，働きがいや仕事に対する充実感が高まる」というものでした．つまり，QC サークル活動が人を育て，職場の活力を高め，それらがさらに企業の体質改善・発展に寄与することが実証されたことになります．

このように，現場第一線における QC サークル活動による QC の定着を目的にスタートしましたが，QC サークル活動の今後の方向を明確にするための検討がされ，QC サークル誕生から 8 年目に，QC サークル活動の指針を示す『QC サークル綱領』(現在の『QC サークルの基本』) が発刊され，同時に「QC サークル活動の基本理念」が示されました．

次節で，これら『QC サークルの基本』を解説しますので，QC サークル活動の正しい理解に役立ててください．

1-2 QC サークル活動の基本とは

以下は，前述のプリテストの続きです．○か×で答えてください．

質問 3．QC サークル活動の基本とは，「QC サークル活動の基本理念」のことを指しており，QC サークルの定義や進め方の基本姿勢などは含まれていない．

質問 4．QC サークルの環境は千差万別で，いろんな進め方の工夫があってもよいが，基本を踏み外した活動では QC サークル活動とはいえなくなる．

質問 3 の答えは×，質問 4 は○です．そもそも QC サークル活動の基本とは何を指しているのかを理解していないと，思い込みや感覚的な解答しかできません．

基本とは，「物事がそれに基づいて成り立つような根本」(『広辞苑』)とあります．いわば，植木の根っこ，家の基礎に当たります．この基本がしっかりしていないと強い木に育たず，頑丈な家を建てることもできなくなってしまいます．

これは，QCサークル活動においても同様です．基本を踏み外した活動では，本来，得られるはずのものも得られなくなってしまいます．QCサークル活動を始めるに際しては，QCサークル活動誕生の背景とともに，基本を正しく理解しておくことが必須といえます．

(1)　QCサークルの基本の構成

QCサークルの基本は，図1.1のように「QCサークル活動とは」と「QC

QCサークル活動とは

QCサークルとは，
　　第一線の職場で働く人々が
　　継続的に製品・サービス・仕事などの質の管理・改善を行う
小グループである．

この小グループは，
　　運営を自主的に行い
　　QCの考え方・手法などを活用し
　　創造性を発揮し
　　自己啓発・相互啓発をはかり
活動を進める．

この活動は，
　　QCサークルメンバーの能力向上・自己実現
　　明るく活力に満ちた生きがいのある職場づくり
　　お客様満足の向上および社会への貢献
をめざす．

経営者・管理者は，
　この活動を企業の体質改善・発展に寄与させるために
　　人材育成・職場活性化の重要な活動として位置づけ
　　自らTQMなどの全社的活動を実践するとともに
　　人間性を尊重し全員参加をめざした指導・支援
を行う．

QCサークル活動の基本理念

　　人間の能力を発揮し，無限の可能性を引き出す．
　　人間性を尊重して，生きがいのある明るい職場をつくる．
　　企業の体質改善・発展に寄与する．

図1.1　QCサークルの基本

出典：QCサークル本部編：『QCサークルの基本』，日本科学技術連盟，1996年．

サークル活動の基本理念」から構成されています．

「QCサークル活動とは」の部分では，QCサークル活動の定義，QCサークル活動を進めるうえでの基本姿勢，QCサークル活動がめざすもの，そしてQCサークルが成果を得ていくうえで欠かせない経営者・管理者の役割が示されています．これらは，半世紀以上にわたって築き上げられてきたQCサークル活動のノウハウそのもの，QCサークル活動ならではの特徴です．これらのノウハウを上手に活動に織り込むことで，QCサークル活動がめざすものに近づけることができるといえます．

(2) QCサークルの基本の要約

「QCサークル活動とは」では，QCサークルの定義，基本姿勢，めざすものが示されており，その要約を次に示します．

QCサークルとは，
　第一線の職場で働く人々が
　継続的に製品・サービス・仕事などの
　質の管理・改善を行う
小グループである．

⬅ QCサークルの定義

【第一線の職場】…各部門で実務を行っている所で，組織の最小単位(係・班など)で運営．ある特定の部門のみを指しているのではない．

【継続的に】…プロジェクトチーム活動とは異なり，QCサークルは職場が続く限り継続的に活動を行う．継続することで，能力の向上や活力に満ちた職場づくりを行っていく．

【製品・サービス・仕事などの質】…職場の仕事のできばえを指し，最終的にはお客様のニーズにどれだけ応えられたかにかかる．顧客のニーズは絶えず変化するので，常に見直し・改善が必要．「質」にはコストや納期なども含む．

【管理・改善】…現行の望ましい状態を維持すること(管理)だけでなく，顧客のニーズの変化に対応した，より望ましい状態に向上する(改善)，両活動が必要．

【小グループ】…「3人寄れば文殊の知恵」のように，仲間で知恵を出し合うことで，より多くの知恵や工夫が生まれる．QCサークルは小グループで職場の総合力を高める．

この小グループは，
　運営を自主的に行い
　ＱＣの考え方・手法などを活用し
　創造性を発揮し
　自己啓発・相互啓発をはかり
活動を進める．

QC サークルを進めていくうえでの基本姿勢

【運営を自主的に】…強制や指示どおりでなく，みんなで話し合い，考えながら意見をまとめ，自分たちで判断して行動すること．目標を定め，役割を分担し，全員が理解・納得して進めることが重要．

【QC の考え方・手法など】…QC は，合理性と科学性に基づいて行うため，活動の進め方や成果もまとまりやすい．QC の考え方や各種の手法を学び，効果的に活用する．

【創造性】…過去の先入観や固定概念にとらわれず，アイデアを発想しあい，その具体化をはかり，創造性を育み，常に挑戦する QC サークル活動をめざす．

【自己啓発・相互啓発】…誰もが持つ願望を満たすためには，自らが進んで学び，実践して実力をつける（自己啓発）．そして仲間や関係者から刺激を受け，お互いに能力を高め合う相互啓発が加われば大きな力となる．

この活動は，
　ＱＣサークルメンバーの能力向上・自己実現
　明るく活力に満ちた生きがいのある職場づくり
　お客様満足の向上および社会への貢献
をめざす．

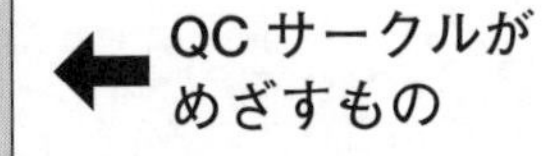

【能力向上・自己実現】…QC サークル活動のさまざまな活動場面を継続的に経験することで，能力を高めるとともに，自分への期待や自身の想い・夢を実現する．そのためには，みんなで創意工夫をはかり，井の中の蛙にならず，視野を広めることが大切．

【明るく活力に満ちた生きがいのある職場づくり】…お互いの存在を認め合いながら，自主性を発揮することで明るい職場が築かれる．物事を決めるときは，少数意見も尊重し，本音で話し合い，共通の目標を忘れずに議論し，決定することが必要．

【お客様満足の向上】…私たちが提供する製品やサービスは，お客様に使っていただき，満足いただいてこそ，企業の目的が果たせ，社会からも受入れられる．これらを QC サークル活動を通して進めることで，顧客第一の意識や品質保証する能力を高める．

【社会への貢献】…企業は，製品やサービスを通して社会的な使命を果たすだけではなく，自然環境保護や地域住民への貢献などもある．QC サークルは，経営の一端を担っており，社会への貢献の視点ももった幅広い活動が期待される．

また，このようなQCサークル活動が成果を実現していくため，経営者・管理者のサポートが不可欠であることから，「QCサークルの基本」の中で，経営者・管理者の役割を次のように明示しています．

経営者・管理者の役割

この活動を企業の体質改善・発展に寄与させるために
　人材育成・職場活性化の重要な活動として位置づけ
　自らTQMなどの全社的活動を実践するとともに
　人間性を尊重し全員参加をめざした指導・支援
を行う．

そして，「QCサークル活動の基本理念」があります．QCサークル活動がめざすものを示したもので，QCサークルが誕生して8年後に，それまでの成果を整理し，QCサークル活動の指針として発刊された『QCサークル綱領』(現在の『QCサークルの基本』)に「QCサークル活動の基本理念」が織り込まれました．

QCサークル活動の基本理念

人間の能力を発揮し，無限の可能性を引き出す．
人間性を尊重して，生きがいのある明るい職場をつくる．
企業の体質改善・発展に寄与する．

「QCサークル活動の基本理念」には3つの項目があり，QCサークル活動に関わるすべての人々がこの活動に期待し，めざすべき方向を共有するための共通目的ですので，経営者・管理者を含め，常に基本理念の実現を意識して活動したいものです．

1-3　QC サークル活動の基本的な進め方

QC サークル活動を始めるきっかけ(動機)は，会社や組織の方針だから，あるいは他でやっているのを知り，自分たちもやってみたい，などさまざまです．4～5年ごとに QC サークル本部で実施している「QC サークル活動(小集団改善活動)実態調査」における，1983 年と 2014 年の調査結果は図 1.2 のようになっています．

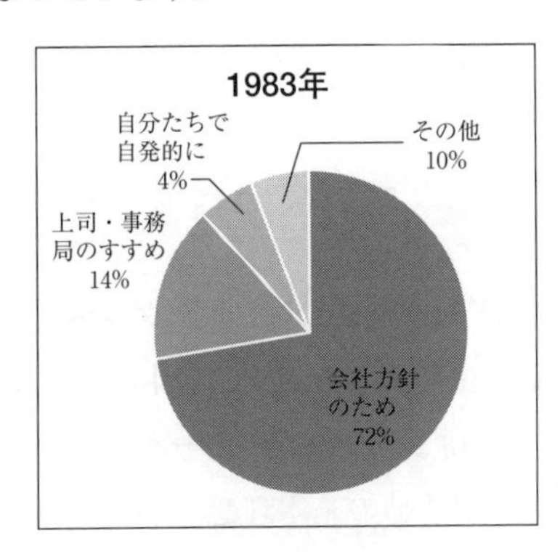

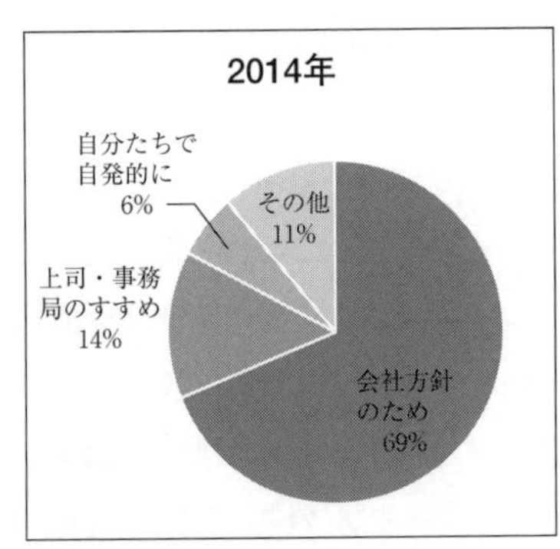

図 1.2　QC サークル活動参加の動機

出典：QC サークル本部編：品質月間テキスト No.407『新しい価値を生み出す QC サークル活動(小集団改善活動)をさぐる』，品質月間委員会，2014 年，図 3.4 より作成．

1983 年と 2014 年を比べてみると，さほどの変化はなく，「会社方針のため」と「上司・事務局のすすめ」で 8 割以上を占めています．そして，「自分たちで自発的に」は 6%とわずかです．このことは，自分たちが進んで QC サークル活動に取り組むのではなく，活動を始めるときは，会社の方針とはいえ，やらされ感をもちながらスタートしているサークルが大半であるといえます．

このやらされ感を積極的に取り組む姿勢に変えるには，一つは QC サークル活動そのものの目的を理解すること，そして実活動で多くの成功体験を得ていくことが大切だといえますが，活動過程ではさまざまな問題や悩みを伴います．これらをどう乗り越え，基本理念の実現に一歩ずつ近づいていけばよいのか，その具体的なヒントを本書で得てください．

では，実際にQCサークルを編成し，どのような手順で進めていけばいいのか，その基本を図1.3に示しますので確認してください．

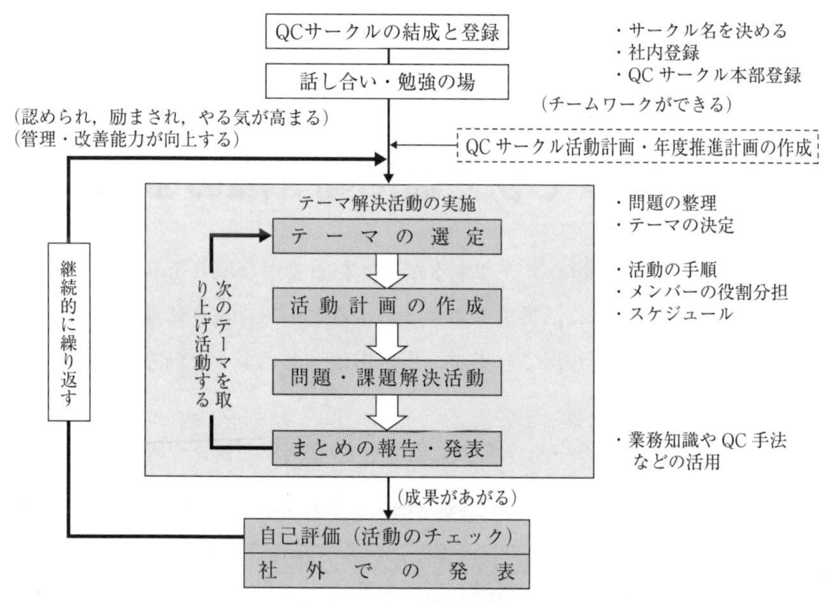

図1.3 QCサークル活動の基本的な進め方

出典：QCサークル本部編：『QCサークル活動運営の基本』，日本科学技術連盟，1997年.

QCサークル活動は，プロジェクトチーム活動とは異なり，一つのテーマを解決すればQCサークルを解散するのではなく，新たなテーマを選定して活動を継続するのが特徴です．図1.3は，その基本的な進め方を表しています．

まず，それぞれの職場で働く仲間がQCサークルを結成し，改善の進め方やQCサークルの運営の仕方を学び，職場の問題・課題を話し合い，取り組むテーマを選び，業務知識やQC手法などを活用し，問題解決・課題達成を全員参加で行い，その成果をまとめて報告・発表するとともに，活動を自己評価し，次のテーマに取り組む，というサイクルを継続していきます．

なお，さまざまな企業で，図 1.3 の基本的な進め方をベースに，自社に適した工夫を凝らしたしくみが構築されています．たとえば，実施ステップにおける支援者の役割や使用する帳票類などが取り決められていますので，実際に QC サークル活動を進めていく際には，自社の進め方をよく知り適用するようにしてください．

1-4 “三づくり”は活動を進める基本

QC サークル活動を始めようとする際の，おおまかな取り組み方を述べてきました．しかし，実際に活動を進めようとすると，思うように進められないといった悩みや困りごとが出てきます．皆さんは，どのような悩みや問題を抱えておられますか？

表 1.1 は，ある QC サークル発表大会で参加者へ今の悩みや困ったことをア

表 1.1　QC サークル活動で悩んでいる／困っていること

No.	QC サークル活動で悩んでいる／困っていること
1	ベテランが活動になかなか参加してくれない
2	メンバーの温度差をどうしてもなくせない
3	「誰かがやってくれる」の環境を打開できず，限られた人での活動になっている
4	若手からの発言がなく，発言者が決まってしまう
5	活動途中で抜ける人があり，皆で取り組もうという雰囲気がない
6	年間 3 ～ 4 件の改善のシバリがあり，簡単な改善になってしまう
7	仕事に追われ，発表のためのやっつけ的な改善ばかりしてしまう
8	メンバーが異なる仕事を担当し，テーマを決めるのが難しい
9	若手メンバーの育成の仕方がわからない
10	現状把握を細かくやると，要因解析で何をやればいいのかわからない
11	定期的に会合を開催できない
12	活動のプロセスより成果が重視される
13	業務多忙で納得がいく活動ができない
14	活動中に優先作業が多く入り，活動が滞りがちになる
15	活動にマンネリ感を感じる

（2016 年 QC サークル京浜地区ステップアップ大会でのアンケート調査より）

ンケート調査した結果から，主なものをまとめたものです．

ここに示されたQCサークルの皆さんの悩みや問題は，多くのQCサークルが一度は悩んだことを代表しているものといえます．そして，個々の内容をよく見てみると，大きく3つに分けることができます．

1つ目，No.1～5は，みんなの“ヤル気”が十分でない，あるいはそろっていないことを示しています．

1	ベテランが活動になかなか参加してくれない
2	メンバーの温度差をどうしてもなくせない
3	「誰かがやってくれる」の環境を打開できず，限られた人での活動になっている
4	若手からの発言がなく，発言者が決まってしまう
5	活動途中で抜ける人があり，皆で取り組もうという雰囲気がない

2つ目，No.6～10は，活動を進めていくうえでの“ヤル腕”が十分でないことを示しています．

6	年間3～4件の改善のシバリがあり，簡単な改善になってしまう
7	仕事に追われ，発表のためのやっつけ的な改善ばかりしてしまう
8	メンバーが異なる仕事を担当し，テーマを決めるのが難しい
9	若手メンバーの育成の仕方がわからない
10	現状把握を細かくやると，要因解析で何をやればいいのかわからない

そして3つ目，No.11～15は，実際に活動を行う場や機会が整っていない，いわば“ヤル場”が充足していないといえます．

11	定期的に会合を開催できない
12	活動のプロセスより成果が重視される
13	業務多忙で納得がいく活動ができない
14	活動中に優先作業が多く入り，活動が滞りがちになる
15	活動にマンネリ感を感じる

これら，“ヤル気”，“ヤル腕”，“ヤル場”をつくり上げ，充足していけば，表1.1のような悩みは解消され，スムーズな活動に変わっていくはずです．

本書では，これら3つをつくり上げていくことを

“ヤル気・ヤル腕・ヤル場”の三づくり

として，QCサークル活動を進めていく基本ととらえ，以降で詳しく解説して

いきますが，もう一度，三づくりのそれぞれで作り上げていくことを明確にすると，次のようになります．

“ヤル気づくり”…メンバー全員で活動に取り組もう，との意欲をつくり上げること．

“ヤル腕づくり”…QCサークル活動の基本理念の実現をめざす力量をつけること．そして活動を円滑にすすめるための工夫をつくり上げること．

“ヤル場づくり”…みんなで行動し，QCサークル活動の基本理念を実現する場をつくり上げること．

ただ，QCサークルを結成し，これら三づくりが全部整ってから活動を始めよう，ということを薦めているものではありません．QCサークルの皆さん，特にサークルリーダーやサブリーダーの方，そして指導・支援をされる推進者の皆さんが，さまざまなQCサークル活動の場で，三づくりを意識して活動されることを願うものです．

また，三づくりの適用は，これからQCサークル活動を始める方はもちろん，すでに活動されているQCサークルの皆さんにも，大いに活用し，一体感ある，活き活きとしたQCサークル活動の実現に役立ててください．

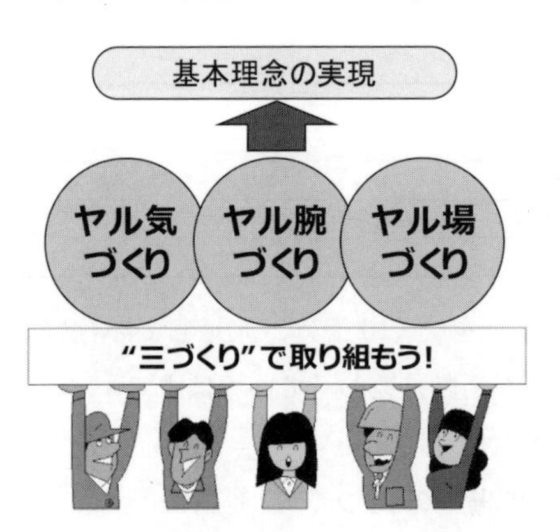

なお，三づくりは，それぞれ単独でつくり上げることもできますが，それぞれが相互に作用し，さらに醸成もされます．本書では，“ヤル気づくり”，“ヤル腕づくり”，“ヤル場づくり”のそれぞれの視点から解説していきます．

第2章

ヤル気づくり

第2章では，三づくりの一つ，“ヤル気づくり”にどう取り組めばよいのか，について事例を交えて解説します．

QC サークルで何か行動をする場合，みんなの気持ちが同じ方向に向いていないと，全員参加で行動することも成果を共有することも難しくなります．つまり，みんなの“ヤル気”をどうつくり上げていけばいいのか，“ヤル気づくり”の視点から解説します．

2-1 ヤル気とは

(1) ヤル気とは

第1章の表1.1で示した，QCサークル活動で悩んでいる／困っていることのアンケート調査結果のうち，表2.1に示すNo.1～5はヤル気に起因する悩みの主な事象といえます．

表2.1 ヤル気に起因すると思われる悩みごと(表1.1より)

No.	QCサークル活動で悩んでいる／困っていること
1	ベテランが活動になかなか参加してくれない
2	メンバーの温度差をどうしてもなくせない
3	「誰かがやってくれる」の環境を打開できず，限られた人での活動になっている
4	若手からの発言がなく，発言者が決まってしまう
5	活動途中で抜ける人があり，皆で取り組もうという雰囲気がない

これらの悩みの程度はサークルごとに異なりますし，サークルを取り巻く環境もすべて異なりますから，それぞれの悩みの原因は各サークルに共通するものとは限りません．

たとえば，No.1の「ベテランが活動になかなか参加してくれない」の要因は，

要因A：ベテランの業務が忙しすぎて，活動に参加できない．
要因B：若手リーダーがベテランに遠慮して，意思疎通ができていない．
要因C：活動テーマが初歩的なことばかりで，ベテランが興味をもてない．
要因D：活動をベテランに頼り過ぎていて，ベテランが距離を置いている．
要因E：ベテランがやってきた活動と今の活動のやり方が異なっていて，ベテランが馴染めないでいる．

などと推測できます．いずれのケースでも，このままでは何のための活動なの

か，誰のための活動なのか，悩みや疑問を引きずったままの活動では，達成感やレベルアップも限られてしまい，「QCサークル活動の基本理念」の実現も遠ざかってしまいます．

これらの悩みを解消するためには，自サークルの実態から原因を見つけて対処する必要があります．ただし，多くのQCサークルがさまざまな悩みを知恵と工夫で乗り越えてきています．これらの経験から自サークルに合った工夫を取り入れる，あるいは自サークルに合うように工夫することで，他サークルの経験を参考にすることは可能です．

そこで，表2.1のNo.1～5のような悩みを大きく“ヤル気”の事象としてとらえて考えることにします．

“ヤル気(または遣る気)”とは，辞書(広辞苑)では，

「物事を積極的に進めようとする目的意識」

とあります．これをQCサークル活動に当てはめると，

「メンバー全員で“活動に取り組もう”との意欲」

となると考えました．そして，そういう状況をつくり上げていくことを“ヤル気づくり”としました．

「ヤル気づくり」とは

メンバー全員で活動に取り組もう，との意欲をつくり上げること

(2) “ヤル気づくり”のタイミング

“ヤル気づくり”をどのようなタイミングで行えばよいのでしょう．主に次のようなケースが考えられます．

① 新たにQCサークルを結成したとき

② リーダーを交代したとき

③ メンバーの入れ替えが多数あったとき，または入れ替えが頻繁になった

とき

④　表2.1のNo.1～5のような悩みが生じたとき

いずれにしろ，みんなが“よしやろう！”と，年齢や経験の差にこだわらずに，みんなの気持ちを一つにする，いうなればQCサークル活動を進めていく基盤となるのが“ヤル気づくり”といえます．

皆さんのQCサークル活動での悩みの中で，一言でいえば「全員参加になっていない」との状況があれば，ぜひ“ヤル気づくり”に取り組んでいただくことをお薦めします．

具体的な“ヤル気づくり”の基本的な考え方，その実際を事例で紹介していきますので，サークルリーダーとして，メンバーとして，さらに上司や支援者として，それぞれの立場で“ヤル気づくり”のきっかけとしてください．

2-2　サークルの実態を正しくつかむことから

“ヤル気づくり”に取り組む際には，まずサークルの実態を正しくつかむことが必要です．問題解決と同様に，悩みや困っている状況の原因をある程度は把握しないと，対処の方向が定まりません．たとえば，前述の「ベテランが活動になかなか参加してくれない」の要因として，少なくともA～Eが考えられますが，主にどれなのかをつかみます．

(1)　サークルの実態は千差万別

QCサークル本部が主催して，年に2回，5月と11月に全日本選抜QCサークル大会が開催されています．5月開催分は，事務・販売・サービス(医療・福祉部門を含む)部門が主な対象で，いずれも全国の各QCサークル支部で選抜されてきたQCサークルが一堂に会します．

この大会の特徴は，発表内容があるテーマの改善事例発表ではなく，サークルの成長記録ともいうべき運営事例発表にあります．つまり，低迷していた，いわば「ダメな」サークル状況から，表2.1のアンケート結果のNo.1～5のような悩み，壁をどのように乗り越え，レベルアップしてトップサークルに成長してきたのか，そのプロセスが発表されます．

2016年11月に開催された「第46回全日本選抜QCサークル大会」での発表から，成長していく過程の最初のサークルの状況がどのような実態だったのかについて，主なものを整理したのが表2.2となります．

各サークルの状況は，少しずつ異なりますが，主に当時のリーダーから見た自サークルの実態といえます．

主な状況をあげると，

① メンバーが非協力的
② まとまりがない
③ ノルマ提出中心(その場しのぎ)
④ 発表のための活動
⑤ メンバーの知識・能力にばらつき
⑥ やらされ感が強い

その結果，

① 会合参加率低く発言も少ない
② チームワークが発揮できない
③ 限られた人での活動
④ 形式的な活動となったり，活動が進展しない

となっているようです．

表2.2 活動当初のサークルの状況

No.	当初のサークルの状況
1	おじさん中心のサークルで，以前と違って先輩達は非協力的で，リーダーとサブリーダーのみの活動
2	異動先の職場は，新人と年配者の二極化し，まとまりや協調性に欠ける中，新たにサークルを結成
3	職場再編でリーダーになるも，サークルはばらばらでチームワークは低く，問題解決能力も低い
4	配置換えで新結成のサークルは，元メンバーと新メンバーで構成．会合参加率は低く，発言も少ない状況
5	活動はノルマ提出のみの一人サークル活動．リーダーになっても状況を変えられず，上司から叱責…
6	「大会で受賞するための活動」と目的を勘違いし発表資料や発表方法にこだわり発表のために力を尽くしてきた
7	元の職場と異なり，異動先のサークルは，ベテランは無関心で，若手は改善レベルが低く，その場しのぎの活動
8	外国人社員も一緒に活動する方針で，4名がメンバーに追加されたが，会合で意見も出ず，活動が進まない
9	やらされ感が強く，テーマリーダーだけが苦労している中，リーダーに抜擢された
10	歴史ある優秀サークルを引き継いだが，世代交代などもあり，サークルレベルは低下し活動を停滞させてしまった

そして，この後，サークルリーダーはどのようなアクションをとっていくのかを見てみましょう．

(2) “ヤル気づくり”の実際

表2.2における10サークルが，その後にどのようなアクション，言い換えるとどのような“ヤル気づくり”を行ったのかを示したのが表2.3です．

今のQCサークルの状況を何とかしたい，とリーダーがまずとった行動は，次のものです．

・メンバーと話し合い，打開策を探る
・メンバーの活動に対する想いをアンケートで調査する
・活動に非協力的なメンバーの業務の実態を把握する
・サークル診断(レベル評価)を行い，弱みなどの実態を具体的に把握する
・優秀サークルを訪問し，自サークルの弱みを把握する
・外部大会参加で，自サークルの活動に対する捉え方の違いを知る
・研修会に参加し，自分たちに欠けているものに気づく
・歴代リーダーに話を聞き，活動に対する想いや取組み方の違いを知る

これらは，今の自サークルで何が問題なのか，不足していることは何なのか，またリーダーとしての活動に対する取り組み方はこれでいいのか，といったことを手段は異なりますが把握しようとしています．

また，これらは第1段階の行動といえ，その後に次のような行動(対応)をとっています．

・QCサークル活動の基本を勉強し直す
・会合開催のもち方を変更する
・みんなとの勉強会を実施する
・非協力的なメンバーの困りごとを解決し，一緒にやろうとの関心を高める
・サークルのありたい姿を描き，実現のための数年間の活動計画を策定する

以上のように，全日本選抜QCサークル大会での発表サークルの成長記録か

表 2.3　サークルの悩み・問題点に対する行動

No.	当初のサークルの状況	次への行動“ヤル気づくり”
1	おじさん中心のサークルで，以前と違って先輩達は非協力的で，リーダーとサブリーダーのみの活動	・サークル診断で実態を深掘り ・独自のサークル指標で3カ年計画 ・先輩の困りごとを解決→積極的に
2	異動先の職場は，新人と年配者の二極化し，まとまりや協調性に欠ける中，新たにサークルを結成	・個人別レベル評価で違いを把握 ・みんなの心を一つにすることを決意 ・ありたい姿を3カ年計画で描く
3	職場再編でリーダーになるも，サークルはばらばらでチームワークは低く，問題解決能力も低い	・あるメンバーの悩みを2人で勉強しながら解決でき信頼関係が芽生えた ・同じやり方でチームワークが醸成
4	配置換えで新結成のサークルは，元メンバーと新メンバーで構成．会合参加率は低く，発言も少ない状況	・皆の想いをアンケートで調査 ・先輩の業務が目いっぱいだと把握 ・個人レベル評価で今の問題を把握
5	活動はノルマ提出のみの一人サークル活動．リーダーになっても状況を変えられず，上司から叱責…	 ・上司の指導で他サークルを見学 →コミュニケーション不足を痛感 ・最強軍団となるべく3カ年計画策定
6	「大会で受賞するための活動」と目的を勘違いし発表資料や発表方法にこだわり発表のために力を尽くしてきた	・初の外部大会聴講で，自分達との違いを知る→みんなの成長の大切さ ・QCサークル活動の基本を再勉強
7	元の職場と異なり，異動先のサークルは，ベテランは無関心で，若手は改善レベルが低く，その場しのぎの活動	・話し合いするも，ベテランとの温度差は埋まらない ・ある改善でベテランの巻込みに成功
8	外国人社員も一緒に活動する方針で，4名がメンバーに追加されたが，会合で意見も出ず，活動が進まない	・みんなが一つの輪になるための2カ年計画を作成 ・外国人社員と一緒に教材づくりから
9	やらされ感が強く，テーマリーダーだけが苦労している中，リーダーに抜擢された	・上司の支援もあり研修会に参加 →自分たちに欠けているものを掴む ・会合開催方法を変更や勉強会開催
10	歴史ある優秀サークルを引き継いだが，世代交代などもあり，サークルレベルは低下し活動を停滞させてしまった	・歴代リーダーに話を聞き，その熱い想いをまとめ，継承を決意 ・メンバーのスキル評価から弱点把握

ら，“ヤル気づくり”のアプローチを見てきました．そこから，

① 今の自サークルの実態として，何が不足しているかを具体的に把握すること．

② リーダーとして，活動に対する取り組み方で何が不足しているのかを把握すること．

をまずつかむことが必要なことを教えてくれています.

次に具体的な3サークル(表2.3のNo.1～3)の事例を示します(出典：第46回全日本選抜QCサークル大会要旨集).

【事例2.1】トヨタ自動車株式会社 士別試験場　シフトサークル

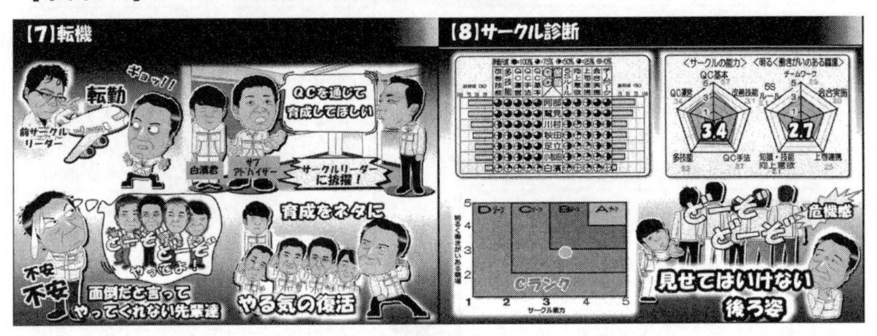

おじさん中心のシフトサークルは，以前はお互いに切磋琢磨しながら積極的に活動を行っていました．しかし少子高齢化や新人配属も無く，張り合いを無くしてリーダーとテーマリーダー２人で進める状態でした．前リーダーの異動に伴いリーダーに就任し，ヤル気の復活をめざしてのサークル診断では，やはりモチベーションの低さが問題でした.

名前	熱意	行動力
足立	1	2
鷲見	2	3
川村	1	1
秋田	2	1
小松田	1	2
白濱	1	1
合計	1.3	1.6

年	1年目	2年目	3年目
道しるべ	再燃	成長	定着
狙い	先輩達の熱意と行動力を再燃	若手の育成を通じてサークル全体を成長	『もっともっと』の活動をサークルに定着

以前のような熱意と行動を取り戻すため，これらを数値化した独自の指標を設け，3年間の道しるべを計画し活動することにしました．特に先輩達に対し，活動や若手育成の協力を得るため，対策案の「品評会」を考案するなどの工夫を行い，少しずつ先輩たちの活動への熱意が戻ってくるようになります.

【事例 2.2】愛知製鋼株式会社　goodness Ⅱサークル

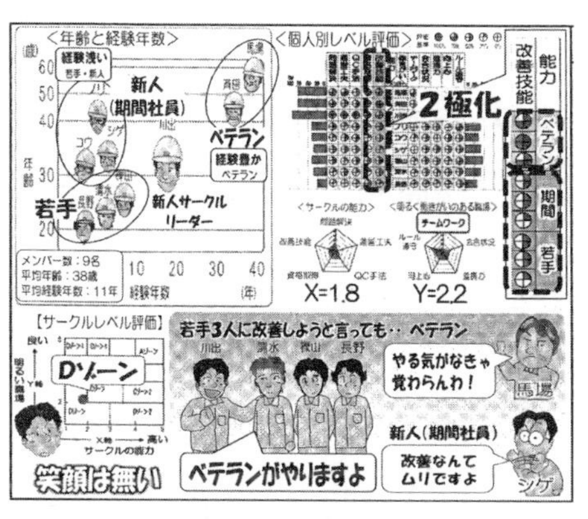

いろいろな工場から集められた人と新人から構成された職場へ異動．まとまりがなく，協調性に欠ける環境の中，サークルが誕生しリーダーに就任しました．

個人別レベル評価では，若手・新人とベテランが二極化し，スキルや改善技能も伝承できておらず，笑顔もない状況です．

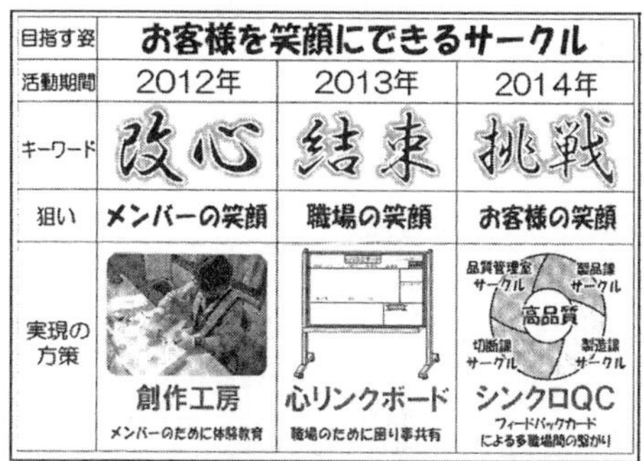

目指す姿	お客様を笑顔にできるサークル		
活動期間	2012年	2013年	2014年
キーワード	改心	結束	挑戦
狙い	メンバーの笑顔	職場の笑顔	お客様の笑顔
実現の方策	創作工房 メンバーのために体験教育	心リンクボード 職場のために困り事共有	シンクロQC フィードバックカードによる多職場間の繋がり

上司の想いもあり，職場に笑顔をつくり，その笑顔がお客様の笑顔につながると信じ，その実現に向けて3カ年の活動計画を策定して取り組むことにしました．

サークルを変えるため，毎日メンバーに話しかけることから始め，大ベテランの作業の負担に気づき，みんなでその作業を疑似体験し，みんなで作業改善することにしました．創意工夫の楽しさを若手に味わせる工夫やベテランの経験を活かしてもらうなどで，少しずつ笑顔が出るようになりました．

【事例 2.3】マツダ株式会社　レスキューサークル

リーダーの異動に伴いリーダーに就任するも，メンバーの技能は高いものの，チームワークと問題解決の力が低く，Dゾーンからのスタートです．

いつもと様子が違う福田君に気づき，あることで悩んでいることがわかり，自分の知識・経験も活かし，2人で考え，勉強しながら悩みを解決してあげることができました．このことをきっかけに，福田君との間に信頼関係が芽生えてきました．初めてメンバーから頼りにされ，今後の活動に向けてのヒントを得ることができました．

福田君との信頼関係づくりの体験から，他のメンバーとも自然に「ありがとう」と言い合えるような信頼関係を築き上げることで，チームワークを向上させるため，「ありがとう作戦」を開始しました．そして，問題解決活動を通して，強いチームワークを築くことができました．

事例2.1～2.3でとりあげた3サークルとも，当初のサークルの状況は異なりますが，共通していることは，

・リーダーに就任したばかり

・メンバーの活動に対する意欲が希薄だったりばらついている

・リーダーと限られたメンバーでの活動

これらを何とかしたい，とのリーダーの想いや責任感から，サークルの実態を具体的に把握し，“ヤル気づくり”のさまざまな行動を起こしています．

「メンバー全員で“活動に取り組もう”との意欲」をつくり上げる“ヤル気づくり”の行動は，話し合いや勉強会で醸成できることもあれば，“ヤル場づくり”や“ヤル腕づくり”を通して築いていくことも含んでいることを，事例から学ぶことができます．

したがって，“ヤル気づくり”は，QCサークル活動のあらゆる場面が対象となりうるといえ，自サークルの実態を踏まえ，

幅広い視点で“ヤル気づくり”の行動対象や場を見つける

ことが大切といえます．

そして，上記の3サークルで共通しているのは，「リーダーに就任したばかり」の状況で悩むケースが多いことです．メンバーの経験はあるが，リーダーとしてサークルをまとめていくノウハウが十分でない状況で，どうみんなの気持ちを一つにし，引っ張っていけばいいのか．リーダーとしてのあり方や上司など推進側の支援のあり方が課題になっています．

リーダーのヤル気づくり，そして“ヤル気づくり”における上司・推進事務局の役割については，次節以降で取りあげますので，参考にしてください．

(3) “ヤル気づくり”のきっかけを活かす

全日本選抜QCサークル大会での発表サークルから，“ヤル気づくり”の実際を探ってきました．「悩みや壁を取り除きたい」と思っていても，そのために行動を起こすには，リーダーの意欲や積極性だけでなく，あるきっかけを踏

み台にしていることが見てとれます．たとえば，

① あるメンバーが苦労している作業を知った．

→このことをきっかけに，2人でその作業の勉強をしながら改善し，喜んでもらうとともに，2人の信頼関係が生まれ，仲間づくりができ，他のメンバーへも展開して輪を広げていくことができた．

② 上司からの指示で，外部発表会に聴講参加するようにいわれた．

→他社の発表から，自分たちがQCサークル活動に対して思っていたことだけが活動ではないことに気づき，このことをきっかけにQCサークル活動の基本を勉強し直し，これからの活動の方向性を見出すことができた．

①の例では，自らがあるメンバーが苦労している作業を知り，何とかしてあげたい，というのがきっかけとなりました．②の例は，上司の指示により外部発表会で学んできてほしい．これがきっかけとなりました．

このように，きっかけは自ら見つける，またはつくるものと，他から与えられるものがあるといえます．大事なことは，きっかけがあっても見過ごしてしまったり，うまく活かせられないと，そこで終わってしまい，前に進めなくなってしまうかもしれません．

「きっかけ」とは，「物事を始めるはずみとなる機会や手掛かり」(『広辞苑』)とあります．一歩前へ踏み出す踏み台，背中を押してくれるものといえます．

“ヤル気づくり”に限ったことではありませんが，活動で何か壁に突き当たり，これをぶち破るとき，レベルアップや新たな展開を果たしたとき，そこには何らかの「きっかけ」を踏み台にしています．この「きっかけ」を上手に活かし，次の行動に結び付けてください．

(4) ヤル気を阻む3つの関所

前述の表 2.2 の「活動当初のサークルの状況」における,

・メンバーが非協力的で無関心

・会合参加率が低く,発言も少ない

・やらされ感が強く限られた者での活動

などのヤル気のない状況は,どうして起こるのでしょう.各サークル固有の理由もありますが,私たち自身の心の中には,ヤル気を促進する心と逆にヤル気を阻む心が併存しているといわれています.

このヤル気を阻む,すなわち関所として次の3つがあげられます.

① 認識の関所:

物事を見定め,意味を理解できていないこと.何が問題なのかがわかっていない,または間違って理解してしまうこと.

② 文化の関所:

一人ひとりが築いてきた生活や精神面の慣習や因習を打ち破れないこと.

③ 感情の関所:

好き嫌いのように,物事の感じ方で,この感情や性格にとらわれて動きがとれないこと.

複数の人で構成する QC サークルは,一人ひとりが有する認識・文化・感情はそれぞれ異なりますが,共有すべきことは共有し,そうでないことは持ち味として活かしてもらう取組みをしたいものです.少なくとも「知識・能力がない,忙しいから,わからないから」,だから「活動しない」といった理由をつけてヤル気を閉ざし,自身の可能性をも閉ざさないことが望まれます.

2-3　リーダーの“ヤル気づくり”

QCサークル活動の基本理念の実現をめざし，活動を進めていくリーダーのリーダーシップ，そしてメンバーのメンバーシップは欠かせません．特にリーダーのサークルのかじ取りによっては，みんなのヤル気をなくしたり，成果自体にも影響を及ぼしてしまいます．それだけリーダーへの期待が大きいといえます．

では，リーダーへの期待に応えるためにも，リーダー自身が取り組むべき“ヤル気づくり”をどうすればいいのかを考えてみましょう．

(1)　リーダーは扇の要

QCサークルリーダーは，扇の要(留め金)そのものです．この留め金が外れたら，扇はばらばらになり，扇の役目を果たさなくなります．同じように，QCサークルにおいてもリーダーがメンバーを束ねる役割が不十分だと，メンバーの考えや行動がばらばらとなり，チームワークがとれなくなってしまいます．それだけに，リーダーの役割は重要ですし，悩みや苦労が伴いますが，しっかりと扇の要の役割を果たす意義は大きいものがあります．

ここで，QCサークル活動におけるリーダーとメンバーの基本的な役割について確認しておきます(図2.1参照)．

リーダーの役割を果たすため，すべてをリーダー自身が担うものではありません．メンバーと協力し合いながら，必要に応じて上司や支援者の指導・支援を得ながら進めていくことを基本に置くことが大切です．そして，リーダーの役割を上手に担うことができることを，リーダーの資質・能力・力量，いわゆるリーダーシップを発揮することといえます．

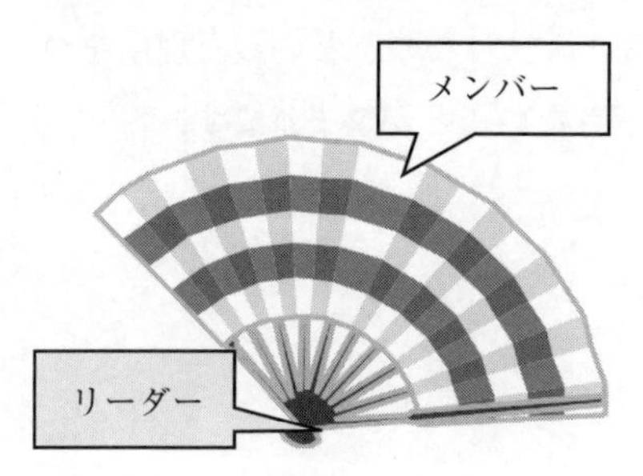

リーダーの役割

○よく話し合い，活動方針・計画を立てる．
○自主的，計画的に会合を開催する．
○メンバーの協力体制をつくり出す．（全員主役の役割分担）
○メンバーの実施事項を確認し，フォローする．
○関係者との良好な人間関係をつくる．
○まず自分自身がよく考え､勉強し，実行する．
○上司や推進担当者，また他のサークルとの調整をする．
○メンバーに教育・指導するとともに，次期リーダーを養成する．

メンバーの役割

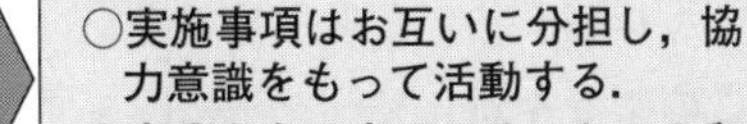

○会合に積極的に参加し活動に加わる．
○リーダーに協力し，大いに発言する．
○実施事項はお互いに分担し，協力意識をもって活動する．
○自分たちの力で，サークルの和づくりをする．
○活動を通して，知らない知識や新しい技能・技術を修得し，自身の能力を高める．

図 2.1　QC サークルリーダー・メンバーの基本的な役割

(2)　期待されるリーダーの積極性

リーダーの“ヤル気づくり”に欠かせないのが，リーダーの積極性です．リーダーが消極的だと，現状維持に終始しがちとなり，マンネリ化をきたして活動が停滞してしまうことにもなりかねません．またメンバーには，担当することが決まった役割を責任をもって遂行することが求められます．

ただし，リーダーの考えや計画を押し通すために積極性を発揮する，ということではありません．QC サークル活動では，サークルの自主性を尊重しています．QC サークル活動における自主性とは，「みんなで話し合い，考えながら意見をまとめ，自分たちで判断して行動する」ことです．そういう中でリーダーの積極性が不十分だと，サークル自体の自主性も発揮できなくなりかねません．そういう意味からもリーダーの積極性とともに，普段からのメンバーや関係者とのコミュニケーションが大切といえます．

(3) リーダー就任当初に取り組むべき事項

本章で紹介した全日本選抜QCサークル大会で発表したサークルの多くが，新リーダーが就任したばかりでした．リーダーの経験がない，あるいは不足している状態でサークルをまとめていくことは難しいといえます．

このような新任リーダーに，まず取り組んでほしいことを図2.2にまとめましたので参考にしてください．ベテランリーダーについても再確認が必要な事項です．

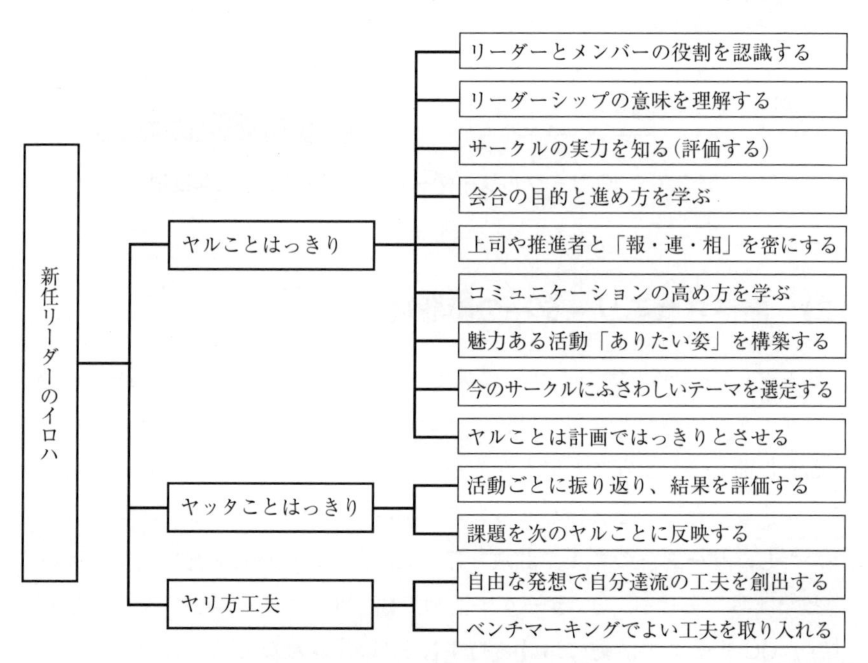

図2.2 新任リーダーの取組み事項

(4) 魅力あるリーダー像とそのアプローチ

QCサークルは，元々考え方や性格が異なる複数のメンバーで編成されます．そして，リーダーは「ヤル気を阻む，認識・文化・感情の3つの関所」を乗り越え，QCサークルの要としてリーダーの役割を積極的に果たしていくことが求められます．

QCサークル活動などの小集団改善活動に必要な能力として，(一社)日本品質管理学会が定めた規格「小集団改善活動の指針」では，次のように述べています(詳細は第3章，表3.2参照)．

【小集団改善活動に必要な能力】

基本能力
- 基礎となる能力(理解力，応用力，目的意識，協調性など)
- 組織人としての能力(行動力，コミュニケーション力，プレゼンテーション力など)
- 情報に関する能力(情報収集力・活用力，ＩＴ活用能力など)

固有技術
- 専門能力(各業務遂行に必要な知識とその活用能力)
- 製品・サービス知識(自組織の主要製品・サービスに関する知識とその活用能力)

管理技術
- 改善能力(改善の手順や手法に関する知識とその活用能力)
- 小集団運営能力(小集団運営方法に関する知識とその活用能力)
- 組織運営能力(方針管理，日常管理，品質保証などに関する知識とその活用能力)
- 経営方針の理解と展開力(中長期経営計画や年度方針に関する理解とその展開力)

これらは，QCサークル活動に限らず，チーム改善活動などあらゆる小集団改善活動において求められる能力を示していますが，見方を変えれば，小集団改善活動を通して育成される能力となります．

では，QCサークルリーダーに求められる知識・能力，言い換えるとリーダーがリーダーシップを発揮するには，どのようなことが求められているのでしょうか．

項目の解説と具体的にどうしたら良いのか，その一例を次に示しますので，自身に不足していることの補完に向けて参考にしてください．

■リーダーがリーダーシップを発揮するには

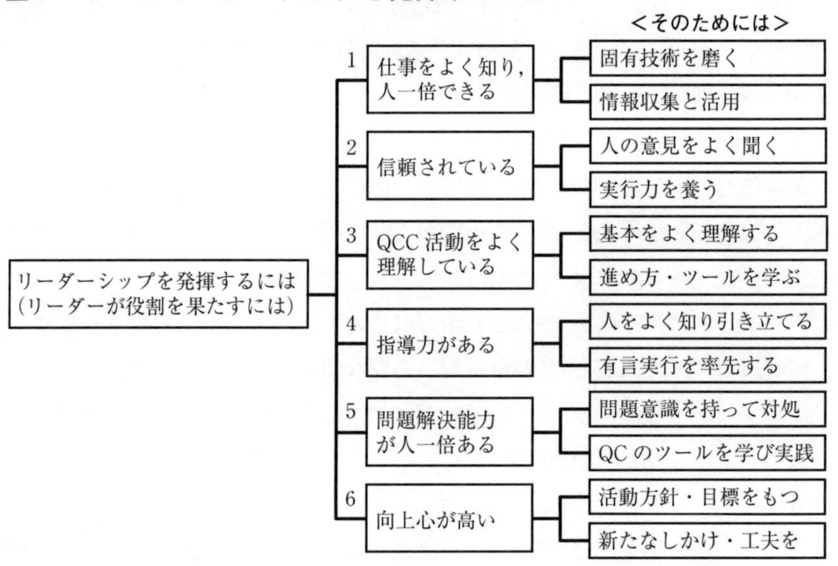

最初から上記を満足するリーダーを望む，というより日常の業務やQCサークル活動を通して，みんなで・みんなが養っていきたい．

1. 仕事をよく知り，人一倍できる ― 固有技術を磨く / 情報収集と活用

■「固有技術を磨く」とは

・QC 的なやり方は，固有技術を活かすもので，管理技術といわれる．
・QC 的な知識が豊富でも，固有技術抜きでは問題解決は不可能．
　→特性要因図は固有技術の塊，対策も固有技術があってこそ打てる．
・固有技術は経験とともに常にブラッシュアップが必要．
・仕事が“好き，楽しい”がベース．向上心が牽引．
・QC サークル活動で固有技術を高めよう．

■「情報収集と活用」とは

・仕事は前後工程で成り立つ．そして，お客様の笑顔．
・前後工程の状況や要望を知り，仕事に活かす．
　→固有技術の向上
・仕事に関する情報収集に敏感に，アンテナを高く．
　→仕事に活かすことで，さらに固有技術を向上．

仕事をよく知り，人一倍できる ― 固有技術を磨く / 情報収集と活用

そのための提案

★自分のレベルを評価してみよう

・職場の業務遂行に必要な技能・技術を洗い出し，自己評価してみる．
　→社内に固有技術レベル評価表があれば活用する．

[簡単な評価基準]

Aレベル：社内・外で指導でき，不具合解析や改善ができる．
Bレベル：標準類を見ながら，一人で業務が遂行できる．
Cレベル：補助者の監視のもとで，業務が遂行できる．

・メンバーと一緒に相互評価し合い，上司の意見を聞くこともよい方法．
・強みはさらに伸ばし，不足技術を洗い出してみる．

★自己評価結果から対応を検討・実践しよう

・まずは，不足技術向上のための自己啓発を検討し，計画的に実践する．
　→たとえば，技能検定試験などの公的資格取得に段階的に挑戦する．
　　また，技能競技会など，技能を競い合う場があれば積極的に参加する．
・上司とも相談し，必要により担当業務のローテーションを申し入れる．
　→社内制度活用

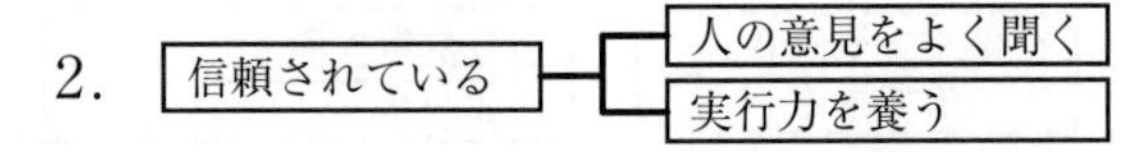

■「人の意見をよく聞く」とは

- 単なる押しつけでは，人は動かないし，協力も得られない．
- 協力が得られなければ，総合力を発揮できない．
- “3人寄れば文殊の知恵”，“1本の矢より3本の矢”で強い職場づくりを．
- そのためには，メンバーの意見に傾聴し，力を合わせる．
  →コミュニケーションが基本

■「実行力を養う」とは

- 人の意見を聞きっぱなしでは，次は口を開いてはくれない．
- 行動に活かしてこそ，その目的を果たせる．
- “実行力”とは，実際に行動し力を発揮すること．
  →強い目的意識，計画性，判断力，必要な能力保有，
  粘り強さ，統率力，逃げない，義理・人情を克服．
- いい換えると，“PDCAをしっかりと回せる人”

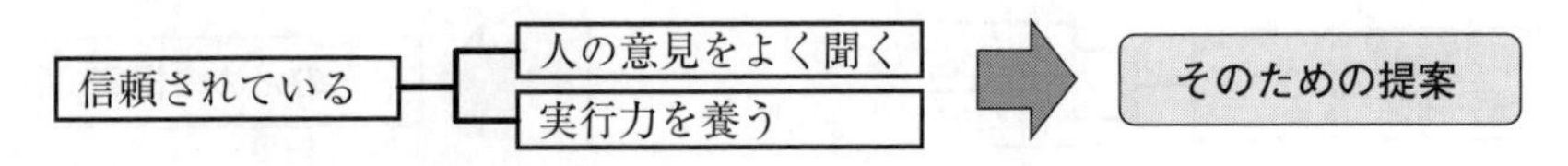

★自分の意見は人の意見を聞いてから

- 謙虚な気持ちで相手と接する．人の意見から得られるものは多大．
- 相手の話に，“相づち”は効果的．ただ聞いているだけでなく，なるほどと思うときには“相づち”を打つと，相手は自分の意見を聞いてくれている，と気持ちよく話ができる．
- 自分の意見には，自信と責任をもつ．知ったつもりでは，相手への理解や説得は難しい．先を読むこと(検討)などの準備も必要．

★結果は後でついてくる

- PDCAのPLANができたら，次はDO．でもPLANには5W1Hが不可欠で，これが中途半端だとDOも中途半端に終わってしまう．
  →しっかりとしたPLANづくりと仲間の意思統一．
- そして，DOは粘り強く，協力し合って，PLANどおりに実施．
  →結果はその次．

3. QCC活動をよく理解している ― 基本をよく理解する / 進め方・ツールを学ぶ

■「基本をよく理解する」とは
- 自社における QC サークル活動導入・推進のねらいの理解.
- QC サークル活動そのものの目的の理解.『QC サークルの基本』の熟読.
- 職場における QC サークル活動の経緯と自サークルの活動実態の把握.
- 今，職場に求められている課題の把握と QC サークル活動への反映.

■「進め方・ツールを学ぶ」とは
- 自社における QC サークル活動の推進組織や活動の仕組みの理解.
  →自社の QC サークル活動の進め方(手引き)を知り，実践できる.
- QC サークル活動におけるさまざまな活動場面において，それぞれの運営の基本を知り，工夫する.
  →先輩サークルや他サークルの運営の工夫例を，自サークルに合った形で取り入れ，実践.

QCC活動をよく理解している ― 基本をよく理解する / 進め方・ツールを学ぶ

そのための提案

★よく理解するための情報や機会はいっぱい
- QC サークル活動には 50 年を超える歴史があり，このノウハウを活かす.
  →まずは社内の QC サークル活動を知る(目的，しくみ，歴史など).
  →関連の図書，そして毎月発刊の『QC サークル』誌は，QC サークル活動のさまざまな情報(QC サークルの基本をはじめ，運営の工夫，手法など)が盛りだくさん.

★「ホウレンソウ」はなによりのご馳走
- リーダーにとって「報・連・相」は重要な活動そのもの.
- タイミングよく，上司や先輩に報告・連絡・相談することは，活動や仕事を円滑に進めるために必要な基本動作.
- 関係者，特に上司とのコミュニケーションをよくすることは非常に重要なこと.
  →“聞くは一時の恥”ではなく，わからないこと，理解しにくいことなどを聞くことにより，新たな理解や知識が得られる.

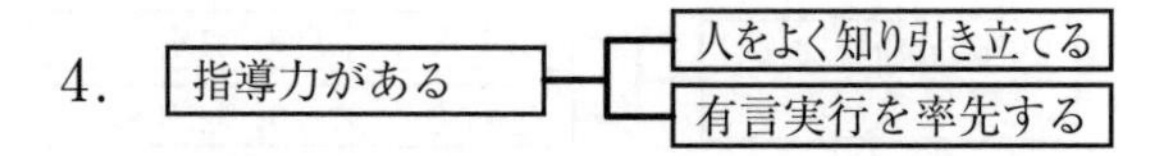

■「人をよく知り引き立てる」とは

・「人を知る」とは，その人の立場で考えられるようになること．

・日ごろのつきあいから，その人の長所やそうでない点を把握し，長所は引き立てて活動に活かしてもらう(任せる)．
→ヤル気を高め，実力を発揮してもらい，総合力向上に寄与．

■「有言実行を率先する」とは

・豊富な知識や情報を有していても，実行が伴わなければ“絵に描いた餅”

・責任ある言動が人を引きつける．

・これらの豊富な経験で，指導(目的に向かって，教え導く)する技術が醸成される．

★幅広い交流を

・職場の仲間はもちろん，いろいろなネットワークとの交流を深める．
→“交流”とは，異なるものが混じり合うこと．単なるつきあいでなく，一緒に活動(はたらき動く)することで，その人の長所や短所を知ることができる．

・長所は誰もがもっている．
→“長所”とは，人より秀でていること．交流の中からこの長所を見つける．

長所を活かしてもらうことに不満は出ない．

★成功体験は不可欠

・活動で，いやな経験しかないと，前に進めにくい．
→やってよかった，という体験を多くもつ．みんなにもってもらう．
このことを積極的に推し進める．

5. 問題解決能力が人一倍ある ─┬─ 問題意識をもって対処
└─ QCのツールを学び実践

■「問題意識をもって対処」とは

・"意識"とは，思考する心の働きをいう．現状に甘んじることなく，よりよくしたい，という意識がベースにあってこそ，一歩前に出る行動が生まれる．
・「自分を成長させたい意識」，「仲間とともに成長したい意識」，「明るく働きがいのある職場にしたい意識」，「環境変化に対応できる強い職場にしたい意識」など，一歩前に進むための問題意識がスタート点となる．
・解析力のほか，思考力，洞察力，集中力，コミュニケーション力も重要．

■「QCのツールを学び実践」とは

・QCの歴史は長く，日本を下支えしてきたことは確か．その間，諸先輩が考案したさまざまな管理・改善のためのツールがある．これらをうまく活用し，さらに発展させ，後世につなげていくことが，われわれの使命のひとつ．
・QCの考え方，問題解決・課題達成のための手順，各種のQC手法などを学び，実践し，身につけることで，一歩も二歩も前進する原動力となる．

問題解決能力が人一倍ある ─┬─ 問題意識をもって対処
└─ QCのツールを学び実践

そのための提案

★問題意識は成功体験がさらに醸成．
　→多くの成功体験を共有する．

★自分のQCに関する知識を評価してみる．
・固有技術と同様に，自分が修得したQCに関する知識を評価する．
　→仲間のレベルを一緒に評価してみるのも効果的．不足知識を洗い出す．

★不足しているQCに関する知識の向上を検討し，実施する．
・活動をとおしていろいろな知識を吸収していくことが基本．しかし，まとめて一気に吸収することもときには必要．セミナー受講などお願いする．
・自己啓発と相互啓発を使い分ける．
　たとえば，関連図書で自己啓発，みんなで勉強会，研修会への積極参加，他サークルのやり方を学ぶ(発表会)，上司や推進者に教えを請うなど．
　→最近，受検者が増えている「QC検定」へのチャレンジは効果的．

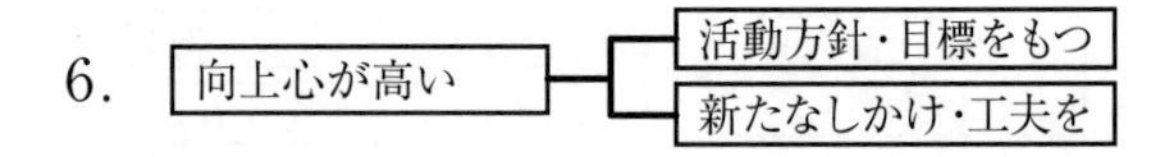

■「活動方針・目標をもつ」とは

・QCサークル活動のさらなる向上・活発化に，自サークルとしてのターゲットが定まっていないと，歩むべき道が描けない．

・方針なくして計画立たず，計画なくして方策立たず，方策立たずして結果出ず，結果出ずして反省なし，反省なくして進歩なし，とならないよう，QCサークル活動で何をするのか，具体的な活動方針・目標をもちたい．

■「新たなしかけ・工夫を」とは

・自サークルが実現したいターゲットに向け，どうふみ出すか，そのための新たなしかけ・工夫が必要．
→先輩サークルのしかけ・工夫に学ぶのもそのひとつ．

・全日本選抜QCサークル大会は，サークルの成長の記録を紹介しており，参考となる．

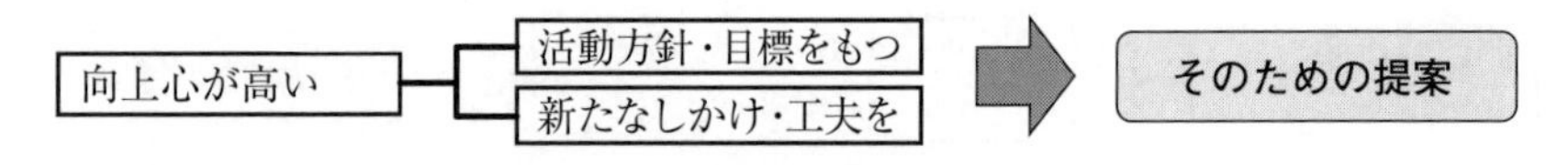

★自サークルの当面のターゲットをもとう．

・仕事の面，活動の運営面，これら両面を検討する．
→仕事の面とは，仕事の質のこと．活動の運営面とは，活動の質のこと．どちらかに偏るのでは片手落ち．

・みんなで検討し，自サークルがめざす方針・目標として明確にする．
→職場の実態，サークルの実態，会社や上司方針をふまえ，上司を交えて構築する．

★実現に向け，計画は段階的に，新たなしかけや工夫を．

・中期的な活動計画，そして年度の活動計画を作成し，一歩ずつ実現．

・新たなターゲットに対し，必要な知識やスキル，活動運営の工夫を検討し，実践する．

2-4 “ヤル気づくり”における上司(管理者)・推進事務局の役割

第1章で確認した,「QCサークルの基本」の中の経営者・管理者の基本的な役割を再掲します.

経営者・管理者の役割

この活動を企業の体質改善・発展に寄与させるために
　人材育成・職場活性化の重要な活動として位置づけ
　自らTQMなどの全社的活動を実践するとともに
　人間性を尊重し全員参加をめざした指導・支援
を行う.

経営者・管理者として,QCサークル活動をどのように捉えるべきかを示しています.つまり,第一線職場の全員がQCサークル活動に参加し,発言・考動することにより,全員の能力向上と職場・企業の能力向上,そして企業の体質改善・発展への寄与という,人間的側面と企業的側面の両面を達成できるよう,指導・支援が求められています.特に上司には,各QCサークルのレベルに応じた指導・支援が強く求められます.

4〜5年ごとに実施されているQCサークル活動実態調査では,推進側と活動側における様々な実態が報告されています.2014年の調査において,「上司の協力度」と「QCサークル活動の活発度」をリーダーに訊ねた結果を,図2.3に示します.

上司が「積極的に指導・支援してくれている」と感じているサークルは活発度が高く,反面,上司による「指導・支援はない」と感じているサークルの活動は低調もしくは休眠中と答えています.

この結果から,上司の指導・支援がQCサークル活動のカギを握っていること

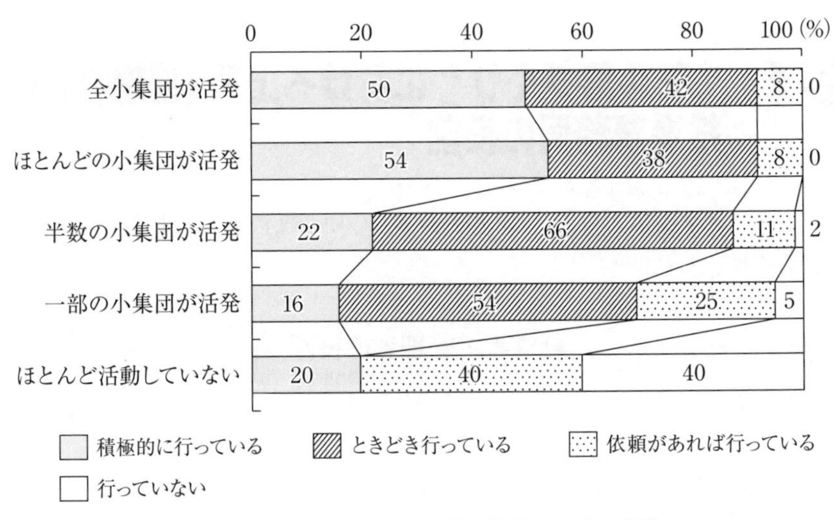

図 2.3　上司の支援と活動活性度のクロス集計

出典：QC サークル本部編：品質月間テキスト No.407『新しい価値を生み出す QC サークル活動(小集団改善活動)をさぐる』，品質月間委員会，2014 年．

を裏づけています．このことを常に意識した指導・支援が不可欠といえます．

(1)　みんなで築き上げる QC サークル活動

QC サークル活動は誰のための活動なのか，いうまでもなく QC サークル活動にかかわるすべての方，経営者・管理者を含むすべての方のための活動です．しかしながら，図2.3で示したような，上司の支援がなく停滞している QC サークルも存在しています．

その要因として，QC サークル活動は自主性を尊重した活動だから関わりを控えている，というケースや，QC サークル活動そのものの理解不足，多忙，などが考えられます．いずれにしても，QC サークル活動は，QC サークルの皆さんだけでなく，上司(管理者)や推進事務局など推進側と一緒に築き上げていく，といった捉え方が欠如していると，リーダーが悩みや壁に面していても，何ら指導・支援もない，という状況になりかねません．

特にQCサークルを結成し，活動を開始しようとしているとき，リーダーが交代したときなどは，できるだけQCサークルに密着し，スムーズに活動が行えるようになるまで一緒になっての指導・支援が望まれます．

(2) やる気づくりの事例

一つの事例を紹介します．『QCサークル』誌に掲載された，ある係長(鈴木)が新規にQCサークルを立ち上げ，活気あるサークルに一緒になって育て上げた事例です．

【事例 2.4】 ～お客様の笑顔の為に～私たちが取り組んだＣＳ向上活動!!
株式会社デンソー幸田製作所　わく・ワークサークル
出典：第6回事務・販売・サービス部門全日本選抜QCサークル大会要旨集

【職場の業務内容】

職場の生産管理室生産計画海外グループでは，海外拠点へ部品を届ける業務を担っています．

① 拠点への納入計画立案
② 梱包仕様設定
③ 作業指導などの拠点支援

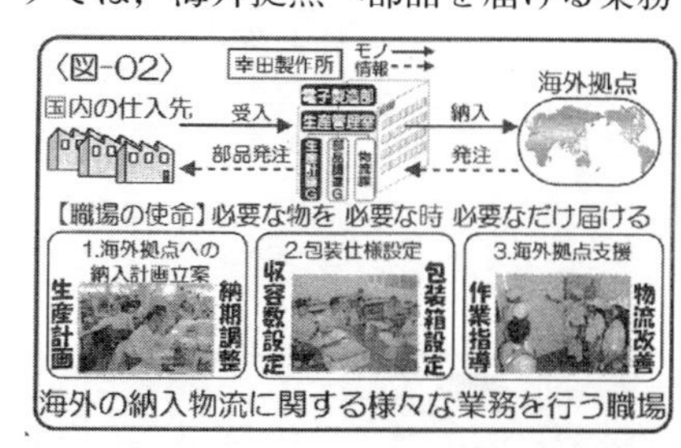

【職場を取り巻く状況】

海外拠点の拡大に伴い，新たな拠点の増設と共に，業務量の増加と拠点からの要望が多様化し，その支援活動の対応が求められています．現在の拠点支援時間の60.4h/月に対して，今後は150h/月を確保する必要があり，鈴木係長の大きな課題となっています．

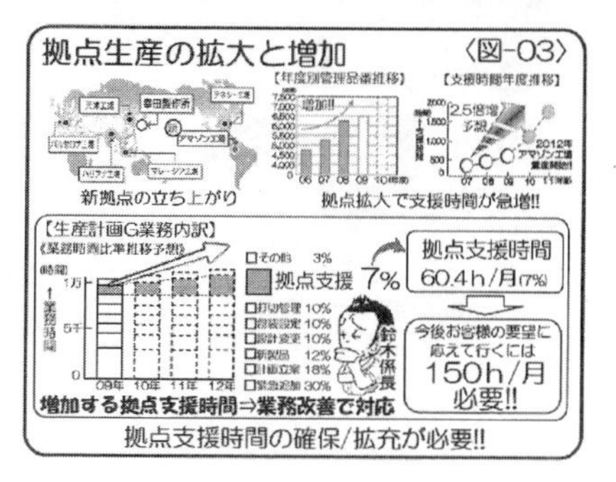

【職場内の状況と鈴木係長の想い】

職場は拠点ごとの担当割りの個別対応で，みんな「自分の担当拠点で手一杯」，業務に追われて改善する時間も意欲も少なく，一体感もなく，活気もない状況です．

鈴木係長は，「今の活気のない職場の対応では，拡大・多様化するお客様に満足してもらえるはずがない！」と大きな危機感をもつようになります．

【鈴木係長がめざしたい職場】

同じ職場の物流課のサークルが，『QCサークル』誌の「サークルギネス」に認定されたことを知ります．このサークルは，全員参加の活動で多くの問題を解決し，職場も活性化しています．

鈴木係長は，物流課のようにQCサークル活動で職場を活性化し，全員参加による改善で支援時間を確保し，お客様の要望に応えよう，と決意します．

【QCサークル結成に向けて】

QCサークルの結成に向け，リーダー候補を思案中に，行動力ある星野君に着目し，鈴木係長の想い(QCサークル活動で職場を活性化したい)を伝えます．

星野君も，端末と向き合う業務を黙々とこなすだけで，お客様のことを考えていなかったことを反省し，サークルリーダーを引き受けてくれます．

〈図-07〉

目指す姿	～活気ある職場で お客様を笑顔に!!～		
年度	2010年 上期	2010年 下期	2011年 下期
ステップ	ステップ1 全員参加の改善	ステップ2 拠点支援時間の確保	ステップ3 お客様に目を向けた改善
現状	自分の担当拠点で手一杯	突発業務に追われ改善する時間が無い	改善意識/知識向上 応用力はまだ低い
実現の方策	QC手法で問題の共有	前工程と連携で突発業務の低減	トップサークルと合同開発
活動内容	全拠点で使える統一帳票作成	・業務プロセス短縮 ・緊急追加月報発行	仕入先からお客様まで一気通貫箱の開発
サークルメンバー	生産計画G:5名	生産計画G:5名 部品調達G:5名	計画G:5名 部品G:5名 物流課:4名

【ありたい職場を3期の活動計画で】

鈴木係長の課題である「拠点支援時間150/hの確保」にすぐに取り組んでもらうわけにはいきません．2年を3期に分け，段階的にステップアップする活動計画を検討し，実際のQCサークル活動を展開していきます．

おそらく，鈴木係長はサークルと一緒にこの計画を検討されたと思われます．

【個別の悩みを具体的に指導】

早速，会合を行うも，担当している自分の拠点のことばかりで，結局はみんなが共有できる問題は見つからない状況です．

この状況をリーダーから相談を受けた鈴木係長は，メンバーから出た問題を親和図で整理するように助言しました．すると，親和図から個別の問題でも共通の問題であることが判明します．

【QC手法をきっかけに本音で対話】

メンバーが出し合った問題を鈴木係長の助言による，親和図で整理した結

果から，個別の問題でも全員共通の問題を発見・共有ができました．

QC手法をきっかけに，メンバー間で本音の対話がはじまり，全拠点で使える統一帳票を完成しました．全員参加で改善する意識が芽生え，活動が軌道に乗り始めます．

【悩み解決はきっかけづくりも大切】

次の改善活動で，前工程の協力が必要なことから，部品調達Gと相談するも，意見が噛み合わず，鈴木係長に相談します．鈴木係長は，物流課のトップサークルから活動運営のノウハウを勉強してくるように指示しました．新たな気づきに触れ，その後，再度の部品調達Gとの話し合いから，部品調達Gと一緒に活動することで大きく前進していきます．

【支援は具体的・迅速に】

改善活動の過程で，海外拠点の情報が不確かなことから思い悩むテーマリーダーが鈴木係長に相談してきます．

鈴木係長は，すぐさま拠点とのTV会議を提案し実現します．TV会議で拠点との意思疎通がはかられ，作業を効率化し，拠点支援時間の確保に結びつきます．

【サークルとともに築いた１年間】

QCサークル発足から1年，3期の活動計画の2ステップ目で，鈴木係長の課題であった「拠点支援時間150h/月」が確保できました．

“QCサークル活動で職場の活性化を！”の鈴木係長の思いを，サークルとともに築き上げた貴重な成果といえます．

【こんな場面も出現】

ステップ3の改善活動中に，ある拠点にふさわしい新梱包箱開発に際し，試作品コーナーを設けたい，との提案がQCサークルから鈴木係長に持ち込まれます．

このことは，サークルが活動に積極的に取り組んできた大きな成果，仕事や全員参加での改善活動の自信の表れといえます．今後の活躍が楽しみです．

鈴木係長がモデルとした物流課のサークルを，自分の職場でも実現したい，との想いが，2年3ステップの計画のもと，サークルとの二人三脚で実現されたといえます．

(3)　事例から学ぶ推進者のイロハ

もう一度，鈴木係長のサークルとの関わり方を振り返り，鈴木係長から学ぶべき推進者のイロハを探ってみましょう．

1）活き活きとした職場をみんなで築くとの想い

職場の課題解決のため，同じ部門内の物流課に目を向け，QC サークル活動で活性化している様子は自職場と大きなギャップがあることに気づき，QC サークル活動に賭けた気概（ヤル気）が伝わってきます．この推進者自身の気概こそが，その後の QC サークルの順調な成長の原動力になったといえます．

2）推進者とリーダーの関係

最初の QC サークルリーダーにふさわしい人選として，行動力ある星野君を選び，自身の職場や QC サークル活動への思いを託しています．リーダーはメンバーから互選で，という方法もありますが，「推進者の思い＝リーダーの思い」ならば活動の道筋もつけやすくなります．こういったリーダーの人選としっかりと推進者の思いを伝えるやり方は参考になります．

3）計画的・段階的に推進する

新規に QC サークルを編成し，まず検討したことは，自分たちがめざす姿「活気ある職場で，お客様を笑顔に！」を明確にし，この実現に向けて2年を3ステップに分け，段階的に進めていこう，との計画を立てています．この計画検討段階では，おそらく鈴木係長も積極的に加わっていたと思います．このように，計画的・段階的にレベルアップしていく進め方をお薦めします．

目指す姿	～活気ある職場で お客様を笑顔に!!～		
年度	2010年 上期	2010年 下期	2011年 下期
ステップ	ステップ1 全員参加の改善	ステップ2 拠点支援時間の確保	ステップ3 お客様に目を向けた改善
現状	自分の担当拠点で手一杯	突発業務に追われ改善する時間が無い	改善意識/知識向上応用力はまだ低い
実現の方策	QC手法で問題の共有	前工程と連携で突発業務の低減	トップサークルと合同開発

4)　日常の活動における指導・支援のやり方を工夫する

鈴木係長は指導・支援のやり方をいろいろと使い分けています．

・メンバーの意見が噛み合わなかったときは，親和図で整理するよう具体的なやり方を指導

・前工程との話し合いがうまくいかなかったときは，モデルサークルから運営のノウハウを勉強してくるように指導．おそらく前工程にその旨の協力依頼をしていると推察される．

・海外拠点の情報入手に困っていたときは，すぐさまＴＶ会議をセット．

など，サークルの悩みごとに対し，1から10まで対応する・教えるのではなく，サークル自らが考える，そして自らが行動して何らかを得る，という場やきっかけを与えることを忘れていない点です．また，ＴＶ会議がよいと思ったら，迅速に対応する，といった指導・支援の使い分けが大いに参考になります．

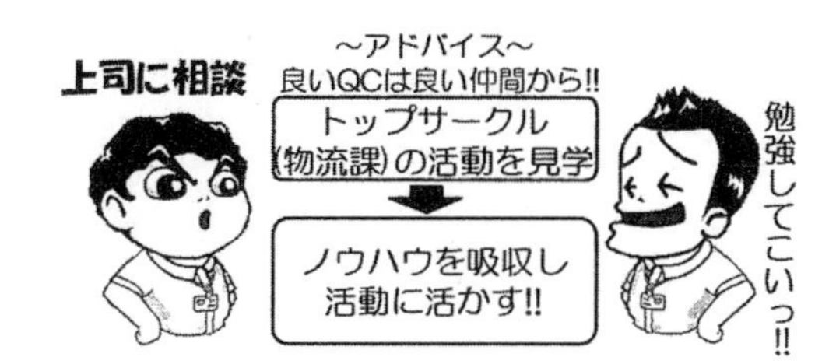

5） 推進者冥利につきる！

ある拠点向けの新梱包箱開発時に，リーダーから試作品コーナーを設けたいとの提案が鈴木係長にありました．それまでは，サークルからの悩みや相談事をもちかけられていましたが，これが提案に変わっていました．おそらく，鈴木係長にとって，このときが推進者冥利につきる瞬間だったと推測されます．推進者がサークルと一緒に活動を築き上げてきた成果そのものではないでしょうか．

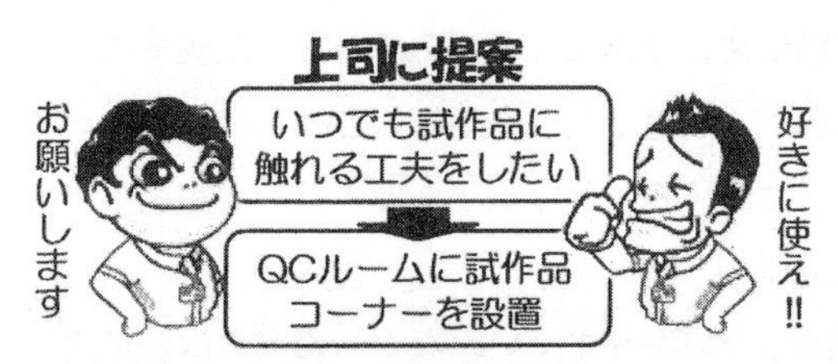

以上が，ある職場の推進者のQCサークルへの想いと，実際にQCサークル結成から当初の目標達成までの行動を見てみました．推進者自身の“ヤル気づくり”と“ヤル場づくり”，そしてQCサークル，特に“リーダーのヤル気づくり”を上手に行っていました．

また，三づくりは，実際にはそれぞれが相互作用してさらに醸成されることも教えてくれています．

第3章

ヤル腕づくり

第3章では，三づくりの一つ“ヤル腕づくり”にどのように取り組めばよいのか，について事例を交えて解説します．

QC サークル活動において必要なヤル腕とは何かを明らかにし，それらを高めていくポイント・工夫について，“ヤル腕づくり“の視点から解説します．

3-1 ヤル腕とは

(1) ヤル腕とは

第1章の表1.1で示した，QCサークル活動で悩んでいる／困っていることのアンケート調査結果のうち，表3.1に示すNo.6～10はヤル腕に起因する悩みの主な事象といえます．

表3.1 ヤル腕に起因すると思われる悩みごと(表1.1より)

No.	QCサークル活動で悩んでいる／困っていること
6	年間3～4件の改善のシバリがあり，簡単な改善になってしまう
7	仕事に追われ，発表のためのやっつけ的な改善ばかりしてしまう
8	メンバーが異なる仕事を担当し，テーマを決めるのが難しい
9	若手メンバーの育成の仕方がわからない
10	現状把握を細かくやると，要因解析で何をやればいいのかわからない

たとえば，No.6の「年間3～4件の改善のシバリがあり，簡単な改善になってしまう」の要因を推察してみると，

要因A：件数をこなすために，ムダ取りレベルの改善しか実施しない．

要因B：対策案が見えているものしかテーマにしない．

要因C：真の原因を追究して，そこに手を打つという問題解決型QCストーリーの本質を正しく理解していない．

要因D：現状把握での分析力が弱い．特に手法を活用して，要因解析すべき特性まで絞り込めていない．

などが推察されます．いずれのケースでも，このままでは問題発見力ならびに問題解決力の向上は望めません．

これらの悩みを解消するためには，自サークルの実態から弱みを明確にして対処していく必要があります．

そこで，表3.1のNo.6～10のような悩みを大きく“ヤル腕”の事象としてとらえて考えてみることにします．

“ヤル腕”とは，

「QCサークル活動の基本理念の実現をめざす力量をつけること，そして活動を円滑に進めるための工夫をつくり上げること」

と考えました．そして，そういう状態をつくりあげていくことを“ヤル腕づくり”としました．

「ヤル腕づくり」とは

QCサークル活動の基本理念の実現をめざす力量をつけること，そして活動を円滑に進めるための工夫をつくり上げること

(2) QCサークル活動によって育成される能力

本書を手にとっている多くの方は，企業や役所・病院・施設などに勤められている社会人だと思います．別の見方をすると，高校生・専門学校の学生・大学生などの学ぶことや勉強することが本分ではなく，勤め先の仕事をこなし，勤め先に貢献することを生業としている人といえます．

会社などに勤めて仕事をすること，すなわち働くためには固有技術(仕事を進めるうえでの専門的な能力や製品・サービスの知識など)だけではなく，さまざまな能力や技術を身につけなければなりません．たとえば，理解力，協調性，行動力，コミュニケーション能力，プレゼンテーション能力，IT活用能力，問題対応能力，リーダーシップ，説得力，指導力，人材育成力など，あげていけばキリがありません．そこで，これらを社会人として必要な「基本能力」，専門能力などの「固有技術」，仕事を効率よく進めるための「管理技術」に大別し，表3.2に示します．

社会人として仕事をするには，非常に多くの能力や技術が必要となります．

表 3.2　QC サークル活動によって育成される能力

区分	能力	説明
基本能力	基礎となる能力	理解力，応用力，創造力，目的意識，視野の広さ，協調性，倫理観など
	組織人として必要な能力	行動力，コミュニケーション力，プレゼンテーション能力など
	情報に関する能力	情報の収集力・活用力，IT 活用能力など
固有技術	専門能力	各部門の業務(研究開発，設計，生産，営業，財務，人事など)を遂行するために必要な知識とその活用能力
	製品・サービス知識	自組織の主要製品・サービス，活用されている技術，市場顧客(業務，製品サービスの使い方・利用の仕方を含む)などに関する知識とその活用能力
管理技術	改善能力	改善の手順に関する知識とその応用力，改善の手法に関する知識とその活用能力，問題・課題発見能力，仮説設定能力など
	小集団運営能力	小集団運営方法に関する知識とその応用力，リーダーシップ，メンバーの異なる能力を把握し発揮させる能力，説得力・調整力，指導力・人材育成力など
	組織運営能力	方針管理，日常管理，小集団改善活動，品質管理活動，品質保証などに関する知識とその応用力
	経営方針の理解と展開力	中長期経営計画や年度方針に関する理解とその展開力

出典：JSQC-Std 31-001：2015「小集団改善活動の指針」，日本品質管理学会.

QC サークル活動に取り組むことによって，これらの大多数が自然に育成され，伸びていくというメリットがあります．自然に育成される，といっても，もちろん何も努力せずに勝手に身につくわけではありません．身につけるための方法を大きく分類すると，下記の 3 つに集約できます．

① 自分たちで学ぶ：QC サークル活動を真剣に取り組む中で得た経験を知識(形式知)にする

② 勉強会・研修への参画：必要な能力を計画的に育成するための教育・訓練に参加する

③ 自分で学ぶ：強化したい項目について自己学習する

(3) QCサークル活動での“ヤル腕”の対象

それでは，QCサークル活動において，ぜひ身につけておきたいヤル腕とはなんでしょうか．これも3つに分けることができます．

① QCの基本ツールの習得と活用能力

QC的ものの見方・考え方，改善の手順，手法などがこれにあたります．

ツールとは，道具のことです．よい仕事をするためには，扱いやすく有効な道具を自由自在に使いこなせることが必要です．ぜひ，それぞれのツールのことをよく知り，使いこなせるようになりましょう．

② QCサークルの基本と活動を円滑に進めるための運営力

若手の育成，レベルアップ，次期リーダーの育成，管理と改善の工夫，などです．「QCサークルの基本」については，第1章1.2節「QCサークル活動の基本とは」を参照してください．

活動を円滑に進めるためには，現状レベルを正しく認識し，自分たちの目標達成に向けた取組方法，運営方法などを工夫していく必要があります．この運営の能力が身についてくると，真の意味でのQCサークル活動になってきます．

③ 固有技術力

専門能力，製品・サービスの知識，などです．

固有技術力については，各人の職種や専門によって異なりますので，ここでは扱いません．したがって，上記の①と②について以下で解説していきますので，各自QCサークル活動を通して固有技術を磨いていってください．

3-2　ヤル腕あれこれと“ヤル腕づくり”のポイント・工夫

QCサークル活動を進めていくうえでの“ヤル腕づくり”のポイント・工夫を見ていきましょう．3.1節で説明したQCサークル活動において，ぜひ身につけておきたいヤル腕の中の「① QCの基本ツールの習得と活用能力」と「② QCサークルの基本と活動を円滑に進めるための運営力」について解説します．特に，「② QCサークルの基本と活動を円滑に進めるための運営力」については運営面での目的に分けて解説します．表3.3に本節での解説内容の全体像を示します．

表3.3　ヤル腕づくりのポイント

QCの基本とツールの習得と活用能力	・QC的ものの見方・考え方 ・改善の手順　【事例3.3】 ・QC手法の活用
QCサークルの基本と活動を円滑に進めるための運営力	・若手の育成　【事例3.1】 ・レベルアップ　【事例3.2・事例3.3】 ・次期リーダーの育成 ・管理と改善の工夫　【事例3.4】
固有技術力	（本書では取り扱わない）

(1)「QCの基本とツールの習得と活用能力」のポイント

ツールというと，どのようなものを思い浮かべますか？　ツールとは“道具”のことです．道具を上手く使いこなしている職人さんを思い浮かべてみてください．例えば，料理人さん．プロの料理人は調理の対象や用途に応じてさまざまな種類の包丁を使い分けています．なぜ，多くの包丁が必要なのでしょうか？　それは，効率がよくて作業がしやすいからです．当然のことながら，調理の対象や用途に応じてどのような包丁を用いればよいか，どのように使用するかがわかったうえで使い分けているのですね．

このことからも，QCのツールを使っていくうえでの3つのポイントが明確になってきます．

1つ目は，どのような道具があるのかを知ることです．どのような道具があるかを知らなければ，正しく使い分けることはできません．例えば，出刃包丁，パン切り包丁，刺身包丁，三徳包丁，…などなど．

2つ目に，どういう使い方をすればよいかを知ることです．使い方が間違っていては，せっかくの道具も威力を発揮しません．刺身包丁で野菜は切りません．

3つ目に，道具を使いこなせるように練習・訓練することです．例えばかつらむき．大根などを回しながら薄く紙状に剥いていくことで，包丁の技術を身に付ける代表的な訓練方法です．

では，QCのツールにはどのようなものがあるのでしょうか．QCサークル活動を進めるうえで重要だといわれているツールは，大別すると図3.1の3つの鍵に分けることができます．

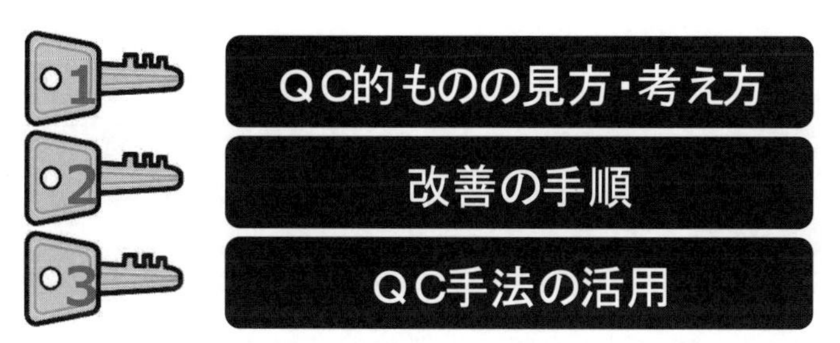

図3.1 「QCの基本とツールの習得と活用能力」のための3つの鍵

1つ目の鍵は，QC的ものの見方・考え方です．この中には，品質第一やPDCAのサイクルなどのように，広く知られている内容もたくさん含まれています．2つ目の鍵は，改善を進めていくうえで知っておきたい改善の手順（型）です．問題解決型QCストーリーが代表的なものです．そして最後の鍵は，データをまとめたり，分析・解析したりして，意思決定するためのQC手法があります．この3つの鍵の中にもさまざまなツールがありますので，これらについて見ていきましょう．

01 QC 的ものの見方・考え方

1950 年に米国人であるデミング博士による SQC(統計的品質管理) セミナーが日本で開催されたことをきっかけにして，その後日本独自の TQC が発展してきました．諸先生方・各企業での努力により，TQC(現在の TQM：総合的品質管理) という合理的で科学的な考え方が繰り返し教育・訓練されたことにより，今日の日本の製造業があるといっても過言ではありません．この日本独自の合理的な考え方を細谷克也先生がまとめ，『QC 的ものの見方・考え方』(日科技連出版社，1984 年) が出版されました．現在では，この言葉が決まり文句として用いられています．

ここでは，QC サークル活動を実施するうえで知っておきたい，特に重要な「QC 的ものの見方・考え方」について，一部を表 3.4 に示します．

表 3.4　QC 的ものの見方・考え方の名称とポイント

名称	ポイント
品質第一	◆お客様に満足していただけるよう，品質を最優先に取り上げ，魅力的な製品やサービスを提供すること ◆品質の向上優先の考え方は，売上増大，原価低減，能率向上などよりも大切である
顧客指向	◆市場ニーズやお客様の声をくみ取り，製品やサービスに反映させていくこと ◆商品やサービスを評価するのは，お客様である
後工程はお客様	◆自分たちの仕事の結果を受け取る，また影響を及ぼす相手部門や人のことを「後工程」という ◆自分たちの後工程を「お客様」と考え，そのお客様を満足させるような仕事を行う
プロセス管理	◆何らかのインプットを受け，ある価値を付与しアウトプットを生成することが「プロセス」 ◆仕事のやり方(プロセス)に着目し仕事のやり方や仕組みを向上することを「プロセス管理」という

表 3.4 QC 的ものの見方・考え方の名称とポイント（つづき）

名称	ポイント
層別	◆データの特徴に着目して，何らかの共通点や傾向をもつ，いくつかのグループに分けることを「層別」という ◆層別して調査すると，変化点が見えてくることが多い
ばらつき管理	◆避けられないばらつきと見逃すことができないばらつきの 2 つがある ◆ばらつきの原因を追究し許された範囲内に抑え込むことが「ばらつき管理」である
PDCA のサイクル	◆ Plan-Do-Check-Act のサイクルを回し，プロセスのレベルアップを図ること ◆ Act には目標達成した場合の標準化，目標を達成できなかったときの反省・原因の追究という 2 つの意味がある
SDCA のサイクル	◆日常管理は，SDCA のサイクルを回すこと（S = Standardize） ◆仕事の質向上のために，「SDCA のサイクル」と「PDCA のサイクル」を回す
標準化	◆ものづくりや仕事のやり方について，標準を定めて活用していくこと ◆トラブル(問題)が発生した際には，標準に関する調査を実施することで，再発防止を図れる
源流管理	◆工程の上流にさかのぼって管理し改善・改革などの活動を行うこと ◆源流には，社内の上流工程，原材料などの供給元という 2 つの意味がある
ファクトコントロール	◆データや観察結果に基づいて PDCA を回すという考え方 ◆事実を正しく把握するためには，「三現主義」が有効
重点指向	◆様々な問題の中から，改善効果の大きい重点問題に着目して処置すること ◆「改善効果の大きい問題」＝「会社・組織に貢献できるもの」
全員参加	◆各階層，各部門の全員が参加して活動に取り組むこと ◆特定の人だけが実施するのではなく，担っている役割に全員で取り組むこと
人間性の尊重	◆人間らしさを尊(たっと)び，重んじ，人間としての特性を十分に発揮すること ◆人間のもつ感情を大切にし英知，創造力，企画力，判断力，行動力，指導力などの人間の能力をフルに発揮させること

(参考文献)：細谷克也：『QC 的ものの見方・考え方』，日科技連出版社，1984 年．

02 改善の手順(QCストーリーの型)

現在，一般的に活用されている改善の手順は，QCストーリーと呼ばれており，問題解決型QCストーリー，課題達成型QCストーリー，施策実行型QCストーリー，未然防止型QCストーリーの4つの型があります．これらの手順の比較は，『はじめて学ぶシリーズ テーマ選定の基本と応用』(山田佳明編著，日科技連出版社，2016年)の第3章に詳しく記載していますので，そちらを参照してください．

なぜ，このような改善の手順を活用しなければならないのでしょうか？ 答えは，改善の手順をしっかり理解し，そのとおりに進めていけば，誰でもが改善を実現できるからです．そのためには，各改善の手順の目的とポイントを理解しておく必要があります．

そこでここでは，図3.2に各QCストーリーの手順ごとのステップの比較を示し，特徴を記しておきます．

【問題解決型QCストーリーの特徴】

問題・不具合を引き起こしている原因を明確にし(原因を追究し)，明らかになった原因を取り除くための対策を実施することにより，二度と同じ問題・不具合を発生させないようにするための改善の手順です．キーワードは「原因追究」です．問題に対しての改善に威力を発揮します．

改善の基本形ともいえる改善の進め方ですので，まずはこの問題解決型QCストーリーを身につけましょう．

【課題達成型QCストーリーの特徴】

課題を達成するためにはどうしたらよいかのアイデアを創出し，実現させる改善の手順です．キーワードは「アイデア重視」です．現状打破，魅力的品質の創出，予測される課題への対処に威力を発揮します．

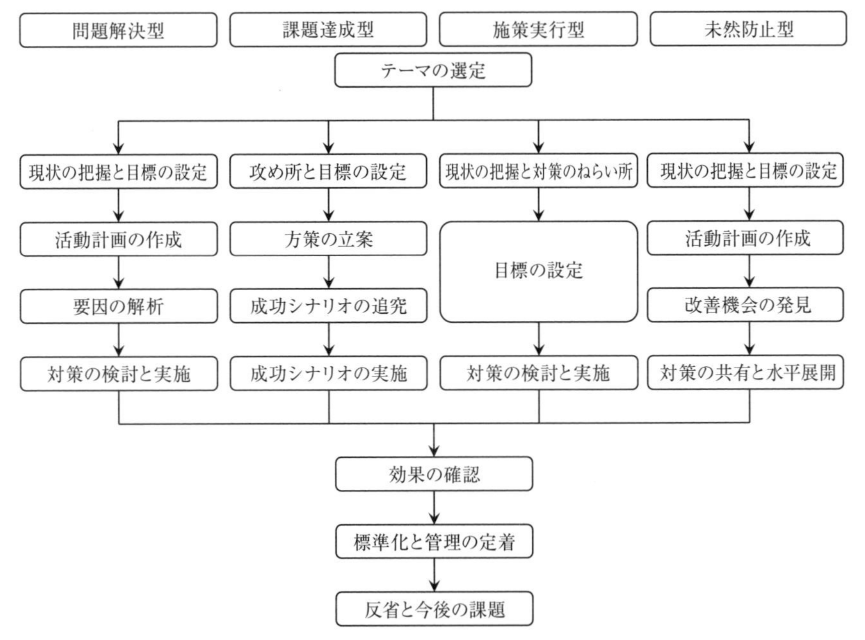

図 3.2　4つの QC ストーリーのステップの比較

【施策実行型 QC ストーリーの特徴】

現状の把握段階で「何をどうすればよいか」，すなわち「ここに手を打てば大丈夫，という対策の方向性が見えてきた」ときにスピーディに改善を実施する手順です．キーワードは，「現状把握から対策のねらい所が見えてくる」です．問題解決型と同様に問題に対しての改善に威力を発揮します．

【未然防止型 QC ストーリーの特徴】

事前に起こりそうなトラブル・事故の洗い出しを行い，それに向けた対策案を作成・実施する改善の手順です．キーワードは「未然防止」です．未然防止ですから，今起きている問題・課題そのものをテーマとするわけではありません．

改善の手順は，QC サークル活動を進めていく際に外すことができないヤル腕ですので，４つの QC ストーリーの特徴を正しく理解し，改善活動に活かしてください．

03 QC 手法の活用

代表的な手法に，QC 七つ道具(Q7：きゅうなな)と新 QC 七つ道具(N7：えぬなな)があります．もちろん，これだけではなく，IE 手法(作業分析)・VA(価値分析)・VE(価値工学)・信頼性技法(FMEA や FTA など)・SQC 手法(統計的手法)・品質工学など多くの手法が存在しますし，活用されています．しかし，「QC 手法といえば Q7」とほとんどの方が答えるほど Q7 は有名ですし，広く活用されています．

では，なぜこの Q7 が有名なのでしょうか？　大きな理由は２つあります．１つ目は，誰でもが使用できる比較的簡単な手法であること，２つ目の理由として，Q7 を自由自在に使いこなすことができれば，ほとんどの問題が解決できるといわれているからです．

Q7 はほとんどが数値データを扱う手法であるのに対して，N7 はほとんどが言語データを取り扱う手法です．特に，問題を整理する手法(親和図法，連関図法)，設定された問題に対する解決手段を探索する手法(系統図法，マトリックス図法)，解決手段の展開事項を時系列的に配列し実行計画を策定する手法(アローダイヤグラム法，PDPC 法)と，N7 は計画を重視しています．

Q7 と N7 の役割を理解したうえで，それぞれの手法をツールとしてうまく活用する必要があります．手法をうまく活用するためには，手法がもっている特徴を理解し，どのような場面で使用したらよいか，どのようなメリットがあるのかを知り，活用できるようになる必要があり，その力がヤル腕になります．そこで，表 3.5 に QC 七つ道具の特徴を，表 3.6 に新 QC 七つ道具の特徴をまとめましたので，有効に活用してください．

表 3.5　QC 七つ道具の特徴

名称	イメージ	このようなときに活用しよう	メリット
グラフ		◆数値データから得られる情報を"見える化"したいとき ◆問題点を見極めたいとき ⇒数値データの見える化の第一歩	◆高度な知識がなくても，誰でも簡単につくり，使うことができる ◆直接説明しなくても，情報を正確に伝えることができる
パレート図		◆問題や不具合を"重点指向"したいとき ⇒重要な問題を見極めたいとき	◆どの項目がもっとも重要な問題であるかがわかる ◆問題の大きさの順位がひと目でわかる ◆ある項目が全体のどの程度の割合を占めているかがわかる
チェックシート		◆ある目的(たとえば、ある工程での不具合状況を確認したい)のために，調査や記録したいとき ◆日常管理を抜け・落ちなく、確実に行えるように点検するとき	◆あらかじめ設計されたチェックシートを用いて調査や記録を行うので，漏れなくチェックすることができる ◆チェックシートのデータを活用して，いろいろな手法で分析できる
特性要因図		◆"因果"の構造の関係を推測したいとき ⇒結果(特性)と原因(要因)との関係を仮説として推測したいとき	◆因果の関係を「なぜ，なぜ」と推測し，整理できる ⇒検証すべき項目を重要要因として選定し，その後の検証につなげる
ヒストグラム		◆生データの全体像を知りたいとき ◆データのばらつき状況(分布)や中心位置を把握したいとき ⇒規格に対してのデータのばらつき状況を確認したいとき	◆データの分布の姿をつかむことができる ◆データの中心位置を確認できる ⇒データの偏り状態が把握できる ◆データのばらつきの大きさを知ることができる ◆データと規格との関係を見極めることができる
散布図		◆対になっている 2 つのデータの関係を知りたいとき ⇒要因系の特性値：横軸(x 軸) 結果系の特性値：縦軸(y 軸)	◆ 2 つのデータ間に相関があるかどうかが見える ◆ 2 つのデータ間の関係の強さが表せる ◆異常値の有無が確認できる ◆層別すべき異質なデータの存在を確認することができる
管理図		◆工程が"安定状態"であるかどうかを判断したいとき ⇒異常や異常となる前兆を早期に発見したいとき	◆品質に影響を与える原因を偶然原因(不可避原因)と異常原因(見逃せない原因)とに分けて考えている ◆計量値用と計数値用の管理図が用意されている ◆ $\overline{X}-R$ 管理図では，R 管理図で群内変動を $\overline{X}$ 管理図で群間変動を見ることができる

表 3.6　新 QC 七つ道具の特徴

名称	イメージ	このようなときに活用しよう	メリット
連関図法		◆要因同士が相互に複雑に絡み合っており，その要因関係を整理して，重要な要因を求めたいとき	◆要因が複雑に絡み合う問題を整理することができ，広い視野で問題の全体を見渡すことができる ◆さまざまな観点での要因を挙げることができるので，発想の転換や展開に役立つ ◆各要因の相互の関連が明確になる
親和図法		◆混沌としている事象を整理し，問題を明確に浮かび上がらせたいとき	◆複雑な情報や，まとまりのない意見を整理できる ◆親和性(類似性)に着目していく ◆問題点を整理したり，発想を得るために活用できる
系統図法		◆系統的にアイデアを展開し，整理するとき ⇒要因追究型系統図（要因解析での活用） ⇒対策展開型系統図（対策検討での運用）	◆事象を系統的に理論展開しやすく，抜け，漏れが少なくなる ◆系統的に整理されているので，わかりやすく，説得性がある
マトリックス図法		◆行と列にさまざまな事象を割り付け，それらの要素の組合せをひと目で見られるようにしたいとき	◆行と列の交点に着目し，関連の有無や関連の度合いを示すことができる（数字，記号，言葉，色など）
アローダイヤグラム法		◆効率的な日程計画を作成し，計画の進捗状況を管理したいとき ⇒対策案を実行に移す段階	◆確定事象系列の進捗管理において威力を発揮する ◆クリティカルパスを明らかにすると，日程管理するうえでの重点作業項目が明確になる
PDPC法		◆事前に考えられるさまざまな事象を想定し，それに対処する方法をあらかじめ準備しておく必要があるとき ⇒活動計画の立案段階 ⇒対策案を実行に移す段階	◆不確定事象を含む場合の進捗管理において威力を発揮する ◆途中で問題が生じたときには，軌道修正しながら目標を達成する(ゴールに到達する)ことができる
マトリックス・データ解析法		◆複雑に絡み合った問題の構造を解明したいとき	◆たくさんの変数からなる数値データを，少数の「主成分」と呼ばれる“ものさし”に統合できる ◆多変量解析法の主成分分析と本質的に同じもの

(2) 「QCサークルの基本と活動を円滑に進めるための運営力」のポイント

「QCサークルの基本」には，QCサークル活動がめざすものとして，次の3点が挙げられています(第1章1.2節参照)．

QCサークル活動がめざすもの

この活動は，

QCサークルメンバーの能力向上・自己実現

明るく活力に満ちた生きがいのある職場づくり

お客様満足の向上および社会への貢献

をめざす．

この中でQCサークルの運営面のヤル腕に関するもっとも重要なことは，サークルメンバーの能力向上・自己実現をはかることです．そのためには，メンバー一人ひとりの育成とりわけ若手メンバーの育成が大切です．次に，全メンバーのレベルアップをはかること．そして，次期リーダーを育成していくこともQCサークル活動を継続していくうえでは重要なことです．

活動がめざすものとしては，活気のある職場づくり，会社・社会への貢献もあります．自分たちの活動のエネルギーの対象をどこに向けるかによって優先順位は変わってきます．

そこで，「QCサークルの基本と活動を円滑に進めるための運営力」を高めていくための4つの鍵(図3.3参照)について解説していきます．

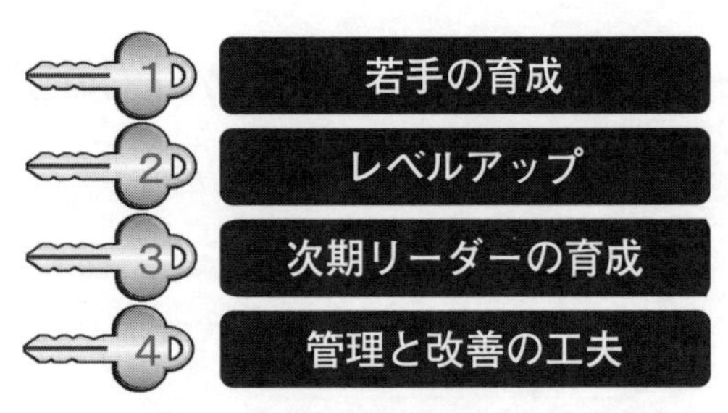

図 3.3 「QC サークルの基本と活動を円滑に進めるための運営力」のための４つの鍵

若手の育成

新入社員や中途入社の若手は，仕事のやり方がわからないだけでなく，品質管理や QC サークル活動という名称すら知らないかもしれません．そういう若手には，品質管理や QC サークルについての基礎をまずは身につけてもらわなければなりません．会社によっては，新入社員教育の一環で品質管理や問題解決研修を実施しているところもありますが，詳細部分は職場の仕事をとおして先輩から直接，懇切丁寧に OJT で教育・訓練するのが望まれます(事例 3.1 参照)．

若手にヤル腕を身につけさせるためのしくみやしかけの例を表 3.7 に示します．

若手に対し，ヤル腕を身につけてもらうためにさまざまな観点から教育や訓練が施されますが，もっとも大切なことは「QC サークルの基本」をしっかり理解してもらうことです．何のために，このような活動に取り組んでいるのか，自分たちのねらいはどこにあるのか，このようなことがあやふやなままでは，やらされ感ばかりの活動となってしまいます．

また表 3.7 では品質管理や問題解決，QC 手法についての育成方法の形で紹介していますが，固有技術についても同じような仕組みやしかけが有効です．

表 3.7　若手にヤル腕を身につけさせるためのしくみやしかけの例

育成の仕方	育成方法	具体的な事例
会社の教育システム	新入社員教育	品質管理の基礎研修
		問題解決基礎研修
	階層別教育	問題解決実践研修
		QC 手法研修
	社内教育ツールの活用	QC 手法研修ナビ
職場内教育	QC 勉強会	職場内で解決した改善事例を用いて，改善主担当者が解説する
		1つの QC 手法を取りあげ，仕事の中で活用しながら身につける
		○○塾の開催
サークル内教育	会合時での勉強会	わかりやすい教材を自分たちの手で作成
		実際に活用した手法の解説
		自サークルで解決した改善事例のポイントと反省を解説
	ベテランの活用	ベテランが教育担当となり指導
		ベテランと若手のペア活動
	責任をもたせる	若手中心の活動にシフト

【事例 3.1】ベテランと若手のペア活動

日産自動車株式会社　栃木工場　Hi-Big サークル

出典：第 43 回全日本選抜 QC サークル大会要旨集

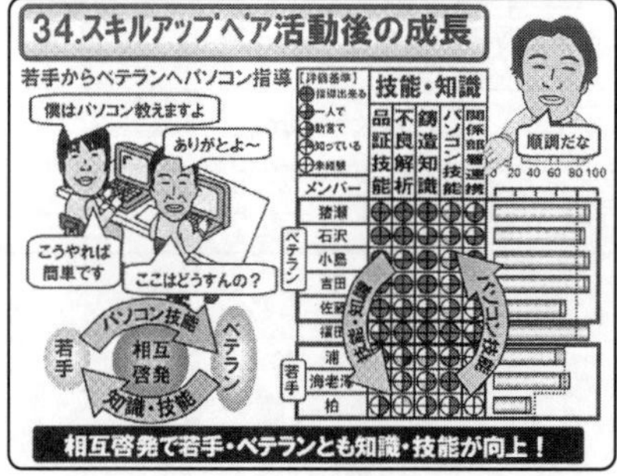

リーダーに任命され，サークルの状況を分析してみると，前リーダーはベテラン任せで，ベテランがいなくなる前に技能伝承しておかないと大変なことになることが判明しました．

QC 会合にて，ペアを組んで技能伝承することを提案しました．「これまかシート」を応用して，ベテランの得意な知識・技能を若手に教育しました．さらに，教わった知識・技能を若手同士で教え合い，理解を深めました．

逆に，ベテランへは若手からパソコン操作を教えてあげるという相互啓発により，若手・ベテランの知識・技能が向上しました．

＜補足＞「これまかシート」とは，ベテラン達の得意なことを聞き込むために作成したシート．「これは任せて！任せられるシート」の略です．

2 レベルアップ

1 では若手へのヤル腕づくり，すなわち品質管理やQCサークル活動の基本的な部分をしっかり理解してもらう方法を述べました．ここでは，対象を全サークル員に拡大し，さらにレベルアップしていくためのポイントを解説します．

「QCは教育に始まって教育に終わる」(石川馨)といわれるように，品質管理の実効を上げるためには，品質管理教育が不可欠です．品質管理教育の方法としては，組織内で行う教育訓練と組織外で行う教育訓練があります．特に，組織内で行う教育訓練にはOJT(On the Job Training：職場内教育訓練)とOff-JT(Off the Job Training：職場外教育訓練)があります．これらを組み合わせて実施することで，より高い効果が期待できます．

また，体系的な人材育成を進めるためには，教育体系の確立と組織の全員が必要な力量をもっているかを定期的に評価し，計画的に教育訓練することが重要です．したがって，教育訓練においてはサークルメンバーだけの判断ではなく，上司との調整も重要になってきます．また，教育訓練には，教育内容に応じて教育対象を階層別に分け，各階層がもたなければならない知識・技能を明確にして実施する階層別教育訓練と，製造・技術・営業などの部門・専門別に実施する部門別・職能別教育訓練があります．表3.7の新入社員教育や階層別教育は，階層別教育訓練に該当します．

ここまで，教育訓練の観点でサークルメンバーのレベルアップについてみてきましたが，それ以外の方法もあります．キーワードは，「経験を形式値化する」と「情報を取りに行く」です．

① 経験を形式値化する

自分たちの力でレベルアップをはかる手段は，表3.7に示した“会合時での勉強会”だけではありません．たとえば，これまでのカン・コツの見える化とかノウハウの共有があります．このような経験を形式値化する観点でのヤル腕づくりについて解説します．

【わかりやすい教材を自分たちの手で作成】

自サークルの貴重な体験を自分たちの手によりテキストにするということです．サークル運営面での工夫やべからず集，改善を実施してきた中で感じたうまくいった点とうまくいかなかった点，QC 手法を活用するうえでのポイントや陥りやすい誤り，などなど．いうならばカン・コツの見える化教材です．

参考として，事例 3.2 を掲載します．

【事例 3.2】自分たちの手でテキストを作成し，お互いに教え合う

トヨタ自動車九州株式会社　宮田工場　「すごろくサークル」

出典：第 45 回全日本選抜 QC サークル大会要旨集

全社大会に出場できたものの，入賞は叶わず，トップサークルとのレベル差を痛感．そこで，サークルの現状の実力を分析しました．課内強豪の「コッコちゃんサークル」との差を分析したところ，「QC 手法」，「改善力」，「他部署との連携力」の差が大きいことがわかり，以下の施策によって QC 手法から強化していくことにしました．

a）　リーダーが外部講習を受講し，復習ならびにテキストの作成を実施

b）　自分が教えるのではなく，講師役となるメンバーに事前学習を実施

c）　講習会に行く前に講師役のメンバーは猛勉強

d）　QC 手法講習会を 2 週間に 1 回の頻度で開催

この施策により，QC 手法の理解度は大幅にアップしました．

【実際に活用した手法の解説】

どうしてその手法を用いようとしたのか，その手法を活用してうまくいった理由，手法活用時に感じた注意すべき点，などをまとめておき，自分たちのサークルの財産にします．ノウハウの共有化になりますので，これがあると後輩たちは，悩んだときに自分たちで勉強することができます．もちろん，会合時の簡単な勉強会での有用な資料にもなります．

参考として事例 3.3 を掲載します．

【自サークルで解決した改善事例のポイントと反省を解説】

自分たちの活動結果としてまとめあげた改善事例報告書，もしくはパワーポイントなどの改善事例発表資料を活用して，会合時などに勉強会を開催します．自分たちで実施した改善内容ですから，素直に受け止めることができるとともに後から考えると，あのときはどうして気づかなかったのだろうとか，現状把握での分析が不足している点，分析内容がうまく後に活かされていないこと，要因解析での検証の甘さ，対策に走りがちであること，などに気づきます．すでに完了している改善内容ですから，標準化と管理の定着状況についても確認することもできます．すなわち，改善ストーリー全体にわたって再度確認することができるので，問題解決力を高めるには非常によい方法となります．

こちらも，事例 3.3 を参照してください．

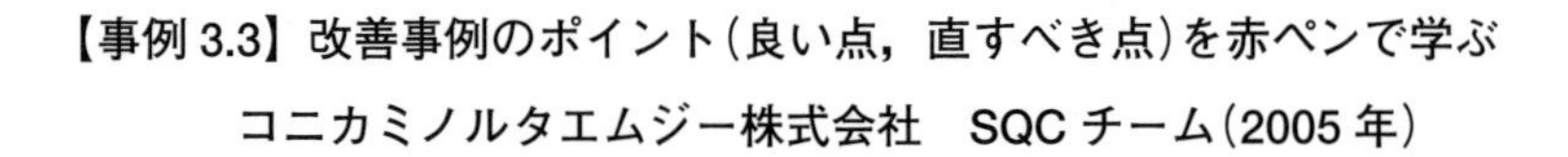

【事例 3.3】改善事例のポイント(良い点，直すべき点)を赤ペンで学ぶ

コニカミノルタエムジー株式会社　SQC チーム(2005 年)

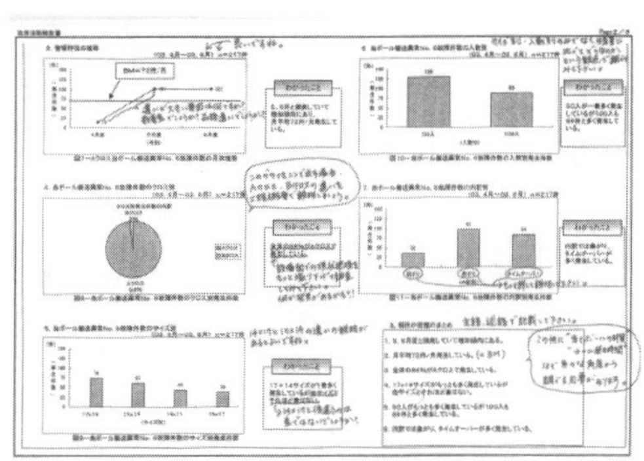

自分たちの身近な事例で学ぶことができれば，内容が理解しやすくなります．そこで，改善活動報告書によい点と直すべき点(今後注意して欲しい点)を赤ペン添削し，事例集を作成し配布しました．赤ペンを記入しているのは，改善活動を支援する部隊のメンバーです．問題解決能力のレベルアップには，大変役に立つ方法です．

【外部発表大会に参加する】

外部発表大会への参加には，2 通りあります．聴講参加と発表参加です．まずは，他社での QC サークルの活動状況やレベルを知るために聴講参加することをお薦めします．自社とはレベルが違いすぎても落ち込む必要はありません．逆にショックが大きければ，それを糧として自分たちの目標にすればよいのです．ある程度，サークルに力がついてきたら外部発表大会に挑戦することをお薦めします．明確な目標となりますし，外部で発表するからには一切手抜きはできません．したがって，外部発表大会に挑戦することによってサークルレベルは格段にアップします．

一度経験してしまうと，やみつきになるかもしれませんが，QC サークル活動のヤル腕を高めるには大きな武器になります．

② 情報を取りに行く

外部発表大会を聴講したり，発表参加すると今の自分たちでは到底手が届かない優秀なサークルとめぐりあうかもしれません．これは自サークルを飛躍させる大きなチャンスです．ぜひ，サークル交流を申し込んでください．できることならば，昼の交流会だけではなく，夜の部の交流会も一緒に企画すると，会議室では出なかった本音を聞けることができます．このような他サークルと一緒にヤル腕を磨くことができるようになってくると，サークルの活性化は本物になります．なお，交流会申し込みの際には，事務局を通して行うと実現できる可能性が増します．

もう少し気楽に参加でき，他社のサークルと親睦を深める機会はないのでしょうか？　あります．それは，各種セミナーに参加したり，QC サークルの各支部・地区が開催している研修会や勉強会に参加することです．経験豊富なベテラン講師による研修を受講できるだけでなく，他の企業の方々とさまざまな観点で情報交換や意見交換することができます．「井の中の蛙」にならないように，外部の情報を自分たち自身で収集することをお薦めします．当然のことながら，ギブ＆テイクの精神が必要で，自分たちの状況を話してから相手の状況や助言をもらうようにするとよいでしょう．

もう一つ，雑誌『QC サークル』誌を活用する方法があります．あまりお金もかからずに，多くの参考になる情報を入手することができます．

レベルアップのためのヤル腕づくりについて，図 3.4 にまとめておきます．

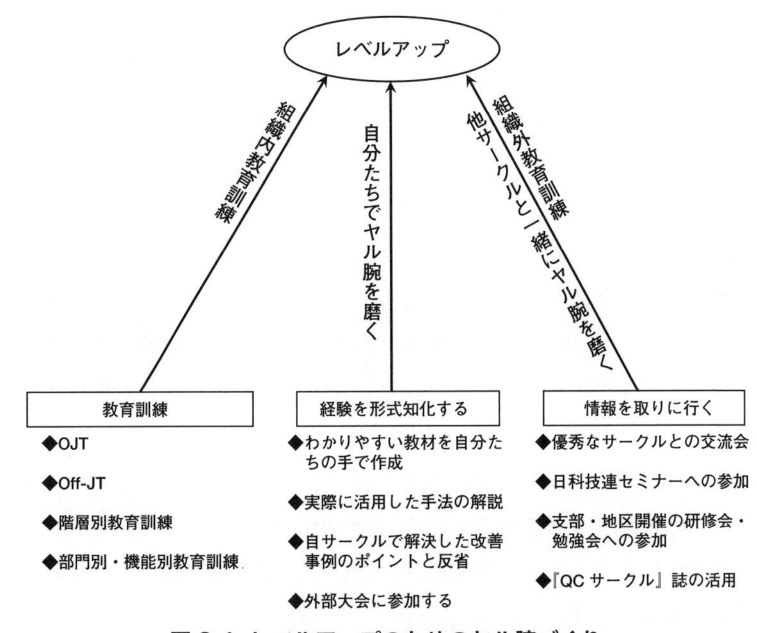

図 3.4 レベルアップのためのヤル腕づくり

3 次期リーダーの育成

理想的な QC サークル活動は，たとえメンバーの入れ替わりなどがあっても継続して活動していくことです．まさしく，継続は力なりです．そのためには，次の世代を担う中心人物である次期リーダーを育成していくことが大切になります．

ところで，QC サークルリーダーの役割とは何でしょうか？　わかりやすい解説がありますので，『はじめて学ぶシリーズ　QC サークル活動の基本と進め方』(山田佳明編著，日科技連出版社，2011 年)から引用します．

「QC サークルリーダーは，いわば海原を行く船の船長です．行き先に向かって舵をとり，メンバーと協力し合って，無事に目的地に着くよう，船を導く必要があります．

したがって，リーダーは誰でもよいというのではなく，とくに活動開始段階では，仕事やメンバーのことをよく知っている主任や班長クラスの方が担うのが望ましいといえます．リーダーの主な役割としては次のようなものがあります」

QCサークルリーダーの主な役割

① メンバーとよく話し合い，サークルの方針や活動の方向づけをする．
② メンバーの協力体制(役割分担)と良好な人間関係をつくる．
③ 自主的，計画的に会合を開き，実施状況のフォローをする．
④ 率先して勉強(専門知識やQC手法など)し，考え，行動する．
⑤ 上司や推進者との調整や，他のサークルと情報交換を密にする．
⑥ メンバーの教育・指導とともに，次期リーダーを育てる．

では，具体的にどのようにして次期リーダーを育てていけばよいのでしょうか？　できることならば複数人の次期リーダー候補を選定できるとよいのですが，それができるほうが珍しいくらいです．現リーダーは，上司とともに次期リーダー候補を選定するようにしましょう．上司に決めてもらうのではなく，「○○さんが相応しいと思う」というような提案型とするのをお薦めします．

次期リーダー候補が決まったら，上記に示した「QCサークルリーダーの主な役割」の①～⑤の内容が遂行できるように育てていく必要があります．

具体的な育成方法としては，サークル会合の進行を任せる，テーマリーダーを任せる，勉強会の先生役を担わせる，サークルとしての特別なプロジェクト(バーベキュー大会，改善手順におけるワンポイントレッスン，など)の企画や実行委員長を任せる，などです．育成していく際には，現リーダーや上司からのフォローを忘れないようにすることが大切です．単なる現リーダーの補佐という業務の丸投げではなく，リーダーシップをとれるように育てていきます．

管理と改善の工夫

下記の質問に答えてみてください．

質問：QC サークル活動は何を行う小グループなのでしょうか？

第１章で解説した『QC サークルの基本』(QC サークル本部編，日本科学技術連盟，1996 年)では，「QC サークルとは，第一線の職場で働く人々が，継続的に製品・サービス・仕事などの質の管理・改善を行う，小グループである」とされています．もうおわかりですね．答えは，「管理・改善を行う小グループ」なのです．改善活動だけをするのが QC サークル活動と思っていませんでしたか？　管理という概念も QC サークル活動の中では重要な要素なのです．そこで，まず QC サークルにおける管理について考えてみましょう．

『QC サークルの基本』には，「第一線の職場で行う管理とは，製品・サービスのできばえならびにそのために行う仕事が，目的どおり実現され，基準・標準やお客様のニーズを満たしていること，つまりよい状態を維持することである．よい状態を維持するためには，仕事を決められたとおりに実施することの他に，使用する材料の変化，設備の異常などにも注目する．自分たちの仕事を決められたとおりに確実に行うことが第一線の職場の任務であり，このことがうまくいくように，そのやり方を考え，工夫して努力することが基本である」とあります．

すなわち，日常業務をいかに円滑に進め，効率を高めていくか，そしてよい仕事をできるように維持することそのものが管理といえます．これは，日常業務の維持管理のことです．これをいくつかのポイントに分けると，仕事を進めるうえでのルールを標準化すること(標準化とは，標準を設定してそれを活用すること)，役割を決めて責任をもって遂行すること，日々の仕事のできばえを確認することなどです．もう少し具体的にいうと，標準類の見直し・教育訓練・実施状況の把握，その日の業務の役割分担，作業記録・作業日報の担当者決め，5S・見える化の徹底，などです．

このような管理活動も，改善活動と同様に取り組むのが真のQCサークル活動なのです．

管理・改善というときの管理の概念は，上記で示したように，維持管理のことを指しています．図3.5で管理と改善の概念を示します．

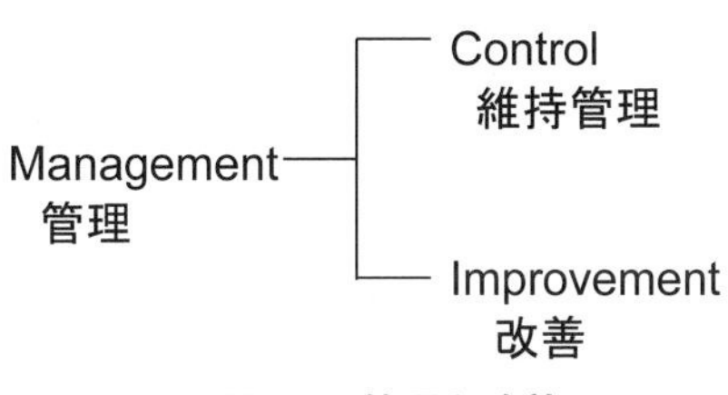

図3.5 管理と改善

図3.5からわかるように，Managementの意味合いで使うときの“管理”とControlの意味合いで使うときの“管理”は範囲が異なっており，Controlの意味合いで使うときには“維持管理”と考えるとわかりやすくなります．会社での管理職のことをマネージャーといいますが，管理職は職場の管理，すなわち維持管理と改善との両方に対して責任をもつ，ということと照らし合わせて考えると理解しやすくなります．

図3.6では，日常の維持管理を行うSDCAのサイクルと改善により仕事の質を高めるPDCAのサイクルとの関係を示します．

このような維持管理と改善とを行うのがQCサークルであると理解したうえで，管理と改善の工夫のポイントについて見ていきましょう．

基本的には組織の中でのQCサークル活動ですから，職務内容に関する事項とやり方に関する事項に分けて考えることにします．

職務内容に関する事項としては，職場方針との連携，日常業務の維持管理においてのヤル腕について解説します．また，やり方については，サークル編成，役割分担のヤル腕について解説します．

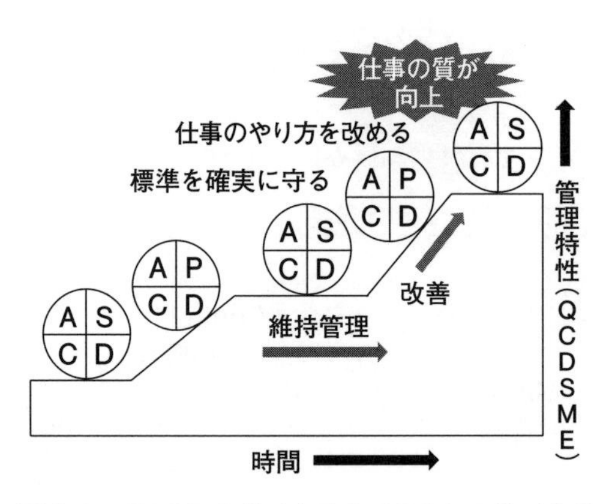

図 3.6　SDCA のサイクルと PDCA のサイクル

【職務内容に関する事項】

① 職場方針との連携

方針管理であれ目標管理であれ，職場方針（目標）は組織としてもっとも重要視しなければなりません．組織を構成している全員が職場方針（目標）を正しく理解し，方針（目標）達成に向けて各人が努力していく必要があります．QC サークル活動としても，職場方針（目標）達成のために自分たちでは何ができるかを検討し，改善テーマにすることが望まれます（図 3.7 参照）．ただし，この際に注意して欲しいことがあります．上位方針をそのまま改善テーマとして引き受けるのではなく，上位方針をかみ砕いた中の一部分を改善テーマにする，ということです．上位方針の責任者は管理職であり，管理職の方針管理上の仕事の一部をサークルが改善テーマとして解決する，というスタンスで連携をはかるようにします．このようにすることによって，2 つのメリットを得ることができます．1 つ目は，職場方針の達成に自分たちのサークルが貢献したことが明確になることです．2 つ目は，方針の一部を QC サークルのテーマとして活動してくれていますので，管理職はより関心をもち，支援・指導するようになることが期待できるからです．

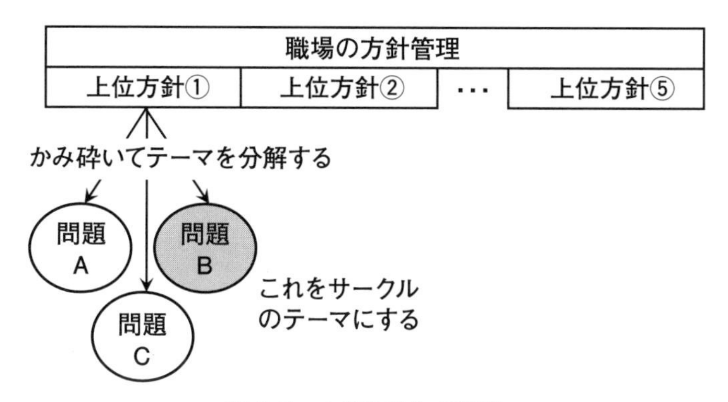

図 3.7　上位方針との連携

職場方針と連携した事例を事例 3.4 に示します．

【事例 3.4】会社方針に貢献するために他社の改善内容で発想力を高めた事例

トヨタ車体株式会社　いなべ工場　HAPPY サークル

出典：第 42 回全日本選抜 QC サークル大会要旨集

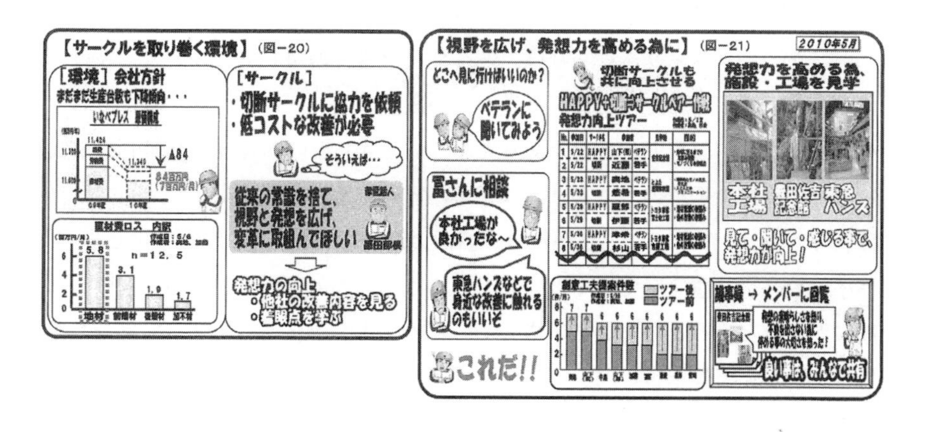

車のプレスを担当している部署です．生産台数減少のため，プレス課に多額

のコスト低減の方針が出されました．少しでも貢献するために，直材ロス金額の内訳から，重点指向して地材にターゲットを絞ることにしました．

コスト低減のための発想力を向上させるために，切断サークルとともに発想力向上ツアーを企画し，さまざまな施設や工場などを見学して回りました．その結果，創意工夫提案件数が大きく増加しました．さらに，地材キズゼロ化の改善を実施した結果，地材キズ発生がゼロとなり，地材ロスもゼロとなりました．

② 日常業務の維持管理

日常業務の内容は，会社の業種や職場の職種によって大きく異なりますが，どのような業種や職種においても共通するものの代表として，標準類の見直し，5S・見える化について解説します．

ア） 標準類の見直し

職場にある標準に沿って，日常業務は行われます．この標準は，先輩方の長年にわたる努力と経験により培われたものです．仕事の内容が変わらなければ，昔ながらの標準を正しく守っていけばよいと思いがちですが，決して好ましいことではありません．会社は，競合他社と常に競争しており，勝たなければなりません．そのためには，品質のよい製品・サービスを提供し続け，お客様からの信頼を勝ち取る必要があります．ですから，全員参加の品質管理が大切なのです．職場での一つひとつの仕事内容も，常に良い方向へレベルアップされており，いつの間にか標準から逸脱してしまっていることが発生します．標準どおりに仕事をしているつもりが，小さな改善の積み重ねの結果，いつの間にか標準と違うことをしてしまっているのです．改善活動によって実施した対策に対しての標準書の改訂は行われていても，ムダ取り改善や改善提案などのような即改善レベル(問題と気づいた時点で解決策がわかるもの)では，標準の改訂は行われにくいものです．

以上のことより，正しく日常業務を行うために，すなわち標準どおりの作業を確実に行えるようにするためには，標準類の見直しは必須なのです．見直しの周期などは，標準書の数とチェックする人数との関係で求めればよいでしょう．理想としては，1～2年周期で自職場の標準類をすべて確認できるようにすることをお薦めします．

イ） 5S・見える化

5S（整理・整頓・清掃・清潔・躾）を実施することとは，自分たちの職場環境を自分たちの目で確実に確認して対処することです．普段あまり見ない所までもしっかりと5Sを実施することにより，さまざまな問題点が見えてきます．

また，見える化を実施することによって，誰でもが問題点などに早く気づけるようになります．

このような5S・見える化を職場もしくは組織などで徹底して実施すると，維持管理面での弱さや，改善しなければならない問題や不具合がたくさん見えてきます．

【サークル運営に関する事項】

① サークル編成

それぞれの職場の特性を考慮して，維持管理・改善の活動を実施するのに適した形でQCサークルを編成されるのが理想です．対象者は，職場の第一線で働く人たち全員です．

同じ職場の人同士でQCサークルを編成するというのが基本的な考え方ですが，「この指止まれ」などのテーマ優先でメンバーを集めるテーマ型サークル，部門にまたがる問題・課題に対し関係するメンバーが集い解決するプロジェクト型などの編成方法もあります．

QCサークルのメンバー数は，一般に5～7名が適当であるといわれています．これは職場組織の最小単位の人数にほぼ一致しています．職場の人数が

10名を超えるような場合には，複数のサークルにするのがお薦めです．1つのサークルに数多くのメンバーがいると，他の人がやるから自分は何もしなくてもいいや，と人任せになってしまう人が出てきてしまうからです．複数のサークルに分割しないまでも，サブサークルとして分けることにより，サブサークルごとに日常活動や改善活動を実施し，メンバーを入れ替えながらともに成長していく方法もあります．

自サークルだけでは解決できそうもない大きな問題をテーマにする，前後工程に関連している隙間問題をテーマにするなどのような場合には，複数のサークルが合同して(協働して)活動することによって，大きな成果を生み出すことが期待できます．このようにヤル腕をもてるようになると，サークルレベルは一つステップアップします．

②　役割分担

QCサークル活動は，リーダー一人が頑張る活動ではありません．サークルメンバーが一体となって，サークル目標の達成に向けて頑張る活動です．リーダーのリーダーシップの下，メンバー一人ひとりが自分のやること・やらなければならないことを自覚して動くことができれば，QCサークルのレベル向上は疑う余地がありません．しかし，限られたメンバーだけで活動していたのでは，チームワークはよくなりませんし，QCサークルとしてのレベル向上も期待できません．そこで，役割分担が必要になってきます．

役割分担は，会合中心の役割分担と活動中心の役割分担に分けて考え，実施することで幅広い力を身につけることができます．

会合中心の役割分担での主なものは，議長，書記，議事録担当，会場係などがあります．議長はサークルリーダーが務めるのが通常ですが，次期リーダー育成を考えているときには次期リーダー候補に議長役を経験させ，会合を進行する力，全体をまとめる力，今後の計画と役割を割りつける力などを身につけてもらいます．

活動中心の役割分担での主なものは，テーマリーダー，ステップリーダー，勉強会での先生役，標準類の見直し担当，レクリエーションリーダー，5S・見える化リーダーなどがあります．

人によって得意・不得意がありますので，最初のうちは得意なものを担当させ，途中からはいろいろな役割を経験することによって守備範囲を広げていくことも大切です．不得意分野を担当させる際には，ペア分担を活用してみましょう．得意な人と不得意な人，ベテランと新人などのペアをうまく活用する方法です．現状把握でのデータ取り，要因解析での検証，対策実施などをペアで実践することにより，やり方・心構えなどを学び取ってもらいながら不得意項目を削減することができます．

3-3　はじめたことを効果が出るまで継続するために

“ヤル腕づくり”の最後は，QC サークルの基本に記載されている目的部分である「継続的に製品・サービス・仕事などの質の管理・改善を行う」の“継続性”について解説します．

QC サークル活動の継続性とは，結成した QC サークルが継続的に管理・改善活動を行っていくことを基本としています．もしも職場の編成が変わったり，メンバーの異動がある場合でも，QC サークル活動に参加する一人ひとりのメンバーが，どこかしらの QC サークルで，あるいは別のメンバーと新たに QC サークルを結成して，活動を続けていくことなのです．なぜ，継続性が必要なのかについては，下記の文章を引用します．

「QC サークルに企業が期待しているのは，単なる改善活動や改善の成果だけでなく，継続的な管理・改善活動を通じての一人ひとりの能力の向上や意識の改革であり，「やる気のあるできる人」の集団をみんなの力でつくり上げることである」(『QC サークルの基本』，p.12)

「ヤル気のあるできる人」の集団をつくり上げるために，QCサークル活動を導入しているのです．この「ヤル気のあるできる人」を育てるためのヤル腕とはどのようなものがあるでしょうか．

物事を始める際には，始めることそのものがメンバー全員の腑に落ちているかどうかが大切です．すなわち，メンバー全員が活動することを納得し，自分たちでどのような活動にしたいのかの信念を持つことがスタート段階では必要になります．最初のうちは乗り気でない(アンチ)なメンバーもいるでしょう．そのようなメンバーも巻き込みながら一緒に活動できるようにするために，人間力やコミュニケーション力を高める必要もあります．

QCサークル活動を始めることがメンバー全員の納得のもとで決まったなら，自分たちの活動の目的を話し合うことをお薦めします．決して急いで結論を出す必要はありませんが，自分たちは何のためにQCサークル活動に取り組むのか，QCサークル活動で何をしたいのかについて，自由に意見交換することが大切です．十分に検討したら，暫定的でもよいので自サークル活動の目的や方針などを決めましょう．後から修正・見直しはできますので，まずは一度決めることが大切です．

改善活動でも管理活動でも活動する際には，目標を立てておくとよいです．PDCAサイクルのPの部分ですね．大きな目標を達成するためには，実現可能と思われる小さな目標にブレークダウンして活動を進めるようにすると，やりがい感や達成感を味わいながら大きな目標達成に向けて頑張ることができます．小さな目標にブレークダウンせずに大きな目標だけで突っ走っていると，途中で息切れしてしまったり，疲れてしまったりして，最終的には挫折してしまうという悲しい結果になる可能性があるので注意してください．

活動の効果は何も金額換算できる有形の効果だけではありません．人やサークルの成長・進化を示す無形の効果もあります．無形の効果の例をいくつか紹介しておきます．

・QCサークル活動を通して，これまで考えなかった視点で業務を評価できるようになった．
・経営面についても考えるようになった．
・メンバーの団結力が高まった．
・業務がスムーズになった．
・コミュニケーションの機会が増え，スタッフのチームワークが向上した．
ここまでのまとめを図 3.8 に示します．

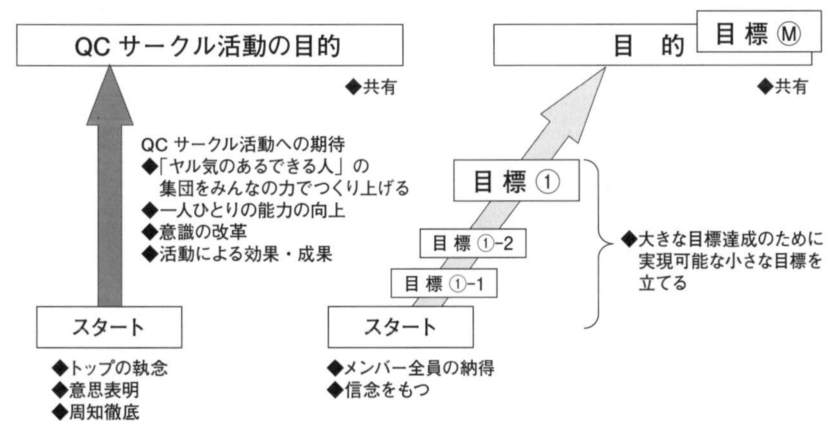

(a) 会社としての QC サークル活動への期待　(b) ヤル気のあるできる人を育てるための QC サークル活動でのヤル腕

図 3.8　QC サークル活動への期待と「ヤル気のあるできる人」を育てるための QC サークル活動でのヤル腕

自サークルにおける QC サークル活動の目的や方針を決めたら，実行に移すための計画を立てる必要があります．そこで，QC サークル活動における実行計画の例を下記に示します．

①　中長期計画(例：○○サークル 3 カ年計画)
②　年間計画(例：○○サークル 20XX 年度計画)

③　管理技術向上計画

④　固有技術スキルアップ計画

⑤　改善能力パワーアップ計画（例：問題発見力強化計画，問題解決力強化計画）

3-4　“ヤル腕づくり”における上司（管理者）・推進事務局の役割

QCサークル活動は，トップダウンとボトムアップの融合といっても過言ではありません．QCサークル活動をしかけるのは，トップダウンによる意志です．しかし，実際にQCサークル活動そのものを実行するのは各サークルの自主的な運営に委ねられています．

ここで起こりやすい間違いが，“自主的な運営”という意味の取り違えです．自主的＝放任と勘違いしていませんか？　自主的な運営というのは，放任しておいて好き勝手に活動させるという意味ではありません．上司から言われてやるのではなく，自分たちで話し合い，考えて，みんなの意見をまとめながら，自分たちの判断で行動することを，自主的な運営といっているのです．組織の中で行動を起こすのですから，当然上司へのホウレンソウ（報連相）は必須であり，QCサークル活動を陰ながら支援・指導するのが上司・推進事務局の役割となります．

ここでは，ヤル腕づくりにおける上司・推進事務局の役割について，(1)「基本の理解」，(2)「ヤル腕を身につけさせるために」の観点から解説します．

(1)　基本の理解

上司・推進事務局は，QCサークル活動でのヤル腕における基本を理解しておく必要があります．本章で解説した，QCサークル活動でのヤル腕についてしっかり理解し，上司としてまたは，推進事務局としてどのようなことをしかけ，推進していく必要があるのかを自分なりにまとめてみてください．特に上司は，本来推進事務局が実施すべきもの(たとえば，QC 基礎研修の開催，問題解決研修など)が不十分であれば，推進事務局に開催するように要望を出す必要があります．推進事務局が動かなければ，自職場においてどのようにしてQC サークル活動のヤル腕を高めていけばいいのかを考え，実行に移す必要があります．

(2) ヤル腕を身につけさせるために

上司と推進事務局とでは，当然のことながら役割の範囲が異なりますので，分けて考える必要があります．全社的に展開すべき基本的な教育・研修は推進事務局の役割，組織内において特化した教育・研修は上司の役割としてとらえるのが一般的です．また，外部での研修とか発表会などの情報展開は推進事務局の役割ですが，積極的に参加させるのは上司の役割といえます．

これまで本章で解説してきた“ヤル腕づくり”の項目に加え，それに関連した“ヤル腕づくり”での重要な項目について，推進事務局と上司の役割を表3.8 に示します．

表 3.8 ヤル腕づくりの内容と推進事務局・上司の役割

ヤル腕づくりの内容	推進事務局の役割	上司(管理者)の役割
社内教育・研修	◆主担当 ◆教育体系の確立 ◆新入社員向け QC 教育 ◆階層別 QC 教育	◆力量評価 ◆積極的に参加させる ◆教育・研修の要望を推進事務局に提案する
特化した内容の教育・研修	—	◆社内研修や外部研修で行われていない特定部分の教育・研修を計画・実行する(表 3.7 参照)
外部研修・勉強会	◆主担当	◆積極的に参加させる
社内大会	◆全社大会などの企画・運営	◆全社大会へ積極的に参加させる ◆全社大会に発表参加できるように支援・指導する
外部発表大会	◆主担当	◆聴講参加だけでなく，発表参加についても積極的に参加させる
他社のサークルとの交流	◆事務局同士間で窓口になる	◆推進事務局との調整 ◆積極的に参加させる
『QC サークル』誌の購入	◆主担当	◆推進事務局で購入してくれないなら自職場で購入する
活動計画	◆中期計画フォーマットの作成と展開 ◆年度計画フォーマットの作成と展開 ◆ QC サークル活動記録フォーマットの作成と展開 ◆ QC サークル活動自己診断シートの作成と展開	◆各種計画内容の進捗状況の把握 ◆推進事務局から活動計画フォーマットが展開されない場合には，自分たちでフォーマットを作成し記録させる
評価・表彰	◆管理・改善活動における評価項目の設定と評価・表彰するためのしくみの構築 ◆上記評価・表彰結果における褒章制度の構築 ◆社内大会，外部大会で発表したサークル，優秀な成績を獲得したサークルへの褒賞制度の構築	◆推進事務局において評価・表彰制度が展開されない場合には，自職場での制度を構築し運用する ◆優秀なサークルだけに着目するのではなく，まだまだレベルは低いが頑張っているサークルにも光が当たるようにする
QC サークル News などの情報発信	◆主担当 ◆社内での全社員に知って欲しい情報の展開 ◆外部での動きや発表大会の情報 ◆部門間でのライバル意識の醸成	◆『QC サークル』誌の記事などで，ぜひ読ませたいものを斡旋する
サークル独自の活動	◆他部署や他部門への紹介	◆認める，褒める

第4章

ヤル場づくり

“ヤル気”・“ヤル腕”があっても “ヤル場”がなければ達成感を得ることができません.

この章では，サークル会合や発表会など種々のヤル場について，それらをいかにつくり上げていけばよいか，という“ヤル場づくり”の視点から解説します.

4-1 ヤル場とは

第2章では“ヤル気づくり”，第3章では“ヤル腕づくり”について述べてきましたが，本章では，その“ヤル気”や“ヤル腕”を発揮する場，すなわち“ヤル場づくり”について解説します.

第1章の表1.1で示した，QCサークル活動で悩んでいる／困っていることのアンケート調査のうち，表4.1に示す．№11～15が，“ヤル場”にかかわる悩み／困りごとといえます.

表4.1　ヤル場にかかわる悩み／困りごと（表1.1より）

No.	QCサークル活動で悩んでいる／困っていること
11	定期的に会合を開催できない
12	活動のプロセスより成果のみ重視される
13	業務多忙で納得がいく活動ができない
14	活動中に優先作業が多く入り，活動が滞りがちになる
15	活動にマンネリ感を感じる

QCサークル活動において，“ヤル場”というと何が思い浮かぶでしょうか．日々のサークル会合や日々の活動そのもの，あるいは発表会などを思い浮かべた方も多いのではないでしょうか.

そもそも“場”とは何を指すのでしょうか，そしてその“場づくり”とはどういうことなのかを考えてみましょう.

まず，“場”の意味を『大辞林』で調べてみると，表4.2に示すような意味が記載されています.

関係するところを拾ってみると，「場所」，「ある事が行われる所」，「機会」，「状況・雰囲気」といったところです.

本書では，“ヤル場”とは，「みんなで行動し，QCサークル活動の基本理念

表 4.2　主な“場”の意味

No.	意味	使われ方(例)
1	あいている所．物が占める所．	・机を置く場がない　・場を取る ・場をふさぐ
2	物事が起こったり行われたりしている所．	・その場に居合わせる　・改まった場 ・公の場
3	物事を行うために設けた場所．また，機会．	・話し合いの場　・その場を外す ・場を踏む
4	物事が行われているときの，その時々の状況や雰囲気．	・場を取りつくろう　・場が白ける ・その場その場に応じた話し方
5	すぐその時．その席上．即座．	・質問にその場で答える ・発見したら，その場で捕らえよ
6	芝居・映画などの場面．シーン．	・殿中刃傷の場　・二幕三場　など

出典：『大辞林（第三版）』．

を実現する場」であり，“ヤル場づくり”とは，

「みんなで行動し，QC サークル活動の基本理念を実現する場をつくり上げること」

と定義しています．

「ヤル場づくり」とは

みんなで行動し，QC サークル活動の基本理念を実現する場をつくり上げること

会合という場をつくるということであれば，場所と時間を設定して会合を持つことだけでなく，その会合が，より有意義なものとなるよう「雰囲気」を盛り上げることも場をつくるということです．

また，誰かに何らかの「機会」を与えることも“場づくり”です．たとえば，Aさんにテーマリーダーを担当してもらうというのも，Aさんを成長させるための場づくりということになります．

サークルリーダーは，種々の“場づくり”を通してメンバーの能力を引き出し，サークルテーマを目標達成に導き，自身も含めてサークルの成長に貢献することが役割だといってもよいでしょう．

この章では，まず，サークルリーダー視点での“ヤル場づくり”として，「サークル会合」，「テーマ活動」，「メンバー育成」，「社内外発表会」，「果敢なるチャレンジ」といった“ヤル場”における場づくりのポイントや工夫を解説します．次いで，“ヤル場づくり”における上司(管理者)・推進事務局の役割を解説します．

4-2 ヤル場あれこれと“ヤル場づくり”のポイント・工夫

(1) サークル会合

メンバーが集まり，職場の問題・課題などからQCサークルで取り上げるテーマを検討したり，テーマに取り上げた問題の解決・課題の達成に向けて話し合う場が会合です．リーダーやメンバーにとっては，いちばん身近な“ヤル場”といえます．

会合は，みんなが知恵を出し合い改善活動を推し進めていく重要な場であり，会合のもち方や進め方が改善活動に大きく影響してきます．したがって，この会合という場を，うまく工夫し，

・定期的に，そしてできるだけ全員参加で開催する

・会合の雰囲気を盛り上げ，その質を高める

ことが“場づくり”として重要です．

まずは，会合の“場”を設定しましょう．曜日や時間帯を決めておき，30分～90分程度の会合時間を設定するのが一般的です．しかし，諸般の事情に

より，こうした形が取れないケースも少なくありません．表4.3では“ヤル場づくり”の視点から見た会合開催における工夫例をケース別に挙げました．自サークルの実情を踏まえ，全員参加できるように工夫しましょう．

表4.3　QCサークル会合開催の工夫例

ケース例	工夫例
前後工程との調整もあり，会合を設定しづらい	・上司と相談し職場一斉の会合日時を設定
家庭事情などで各メンバーの都合が合わない	・出席しやすい時刻に設定(朝一会合，昼食会合など) ・時間を短く，その分多回に
・勤務時間帯が異なる ・メンバーが遠隔地勤務	・情報共有の仕組み※を作り，サブサークルで活動(※：会合ノート，コミュニケーションボード，IT活用など)，欠席者とも情報共有 ・TV会議で参加
・会合の機動性を高めたい ・楽しく会合したい	・該当事象発生時に現場で「10分会合」を実施(現場会合用ツールを準備しておくとよい) ・ランチで会合

職場の状況に応じ，こうした“ヤル場づくり”の工夫をうまく組み合わせて会合を開催・充実させているやり方として，事例4.1を紹介します．

【事例4.1】株式会社富山村田製作所　アクティブサークル

出典：第47回全日本選抜QCサークル大会要旨集

順調に活動を進めていたアクティブサークルに変化が起こりました．受注好調のため，課長より連続操業を宣言されたのです．通常の8時間勤務にプラス3時間残業の2交替制となり，シフトをまたぐ会合が開けなくなりました．他のシフトのメンバーとのコミュニケーションもとれず，生産に追われて活動がストップしてしまいました．

サークルリーダーは，このままではいけないとメンバーに相談しました．その結果，アクティブ活動として，次のやり方で活動を進めることにしたのです．

①QC ミニ会合　②情報の共有化　③会合の効率化

まずは，毎日の引き継ぎ時間を活用して，10 分間のミニ会合を実施しました．また，社内電子掲示板を現場の PC すべてにインストールして「どこでも掲示板」と命名し，会合内容を全員が共有．そして，モバイル PC，モニター，デジタル顕微鏡を搭載した「アクティブワゴン」を製作し，現場で即会合ができるようにしました．

このような会合のやり方の工夫により，多忙な交替勤務の中でも着実な成果をあげることができています．

会合の「会」は集まり，そして「合」は一つになることという意味があります．したがって，QC サークル活動での会合は，メンバーが集まり，意見や気持ちを出し合い，一つにまとめていくことです．しかし，「言うは易く行うは難し」で，実際の会合では，なかなか簡単にはいかないですよね．

会合について，昔からいわれている 4 つの戒めがあります．それは，「会せず，会して議せず，議して決せず，決して行わず」というものです（表 4.4 参照）．このような状態にならないためにも，会合の雰囲気を盛り上げその質を高める“場づくり”が必要であり，リーダー，メンバーは，それぞれの立場から役割を果たす必要があります．

表 4.4　4 つの戒め

戒め	意味
会せず	メンバーがきちんと集まらない
会して議せず	メンバーはきちんと集まっているのに議論が交わされない
議して決せず	議論は行われるが，「結論」を出さないまま会議を終わらせてしまう
決して行わず	せっかく出した結論をすぐに実行しない

QC サークル会合に出席したメンバーが積極的に発言し，望ましい結論を得ることができるかどうかの鍵を握っているのは，やはり司会進行役を務めるリーダーです．リーダーが実施すべき“場づくり”を表4.5～表4.7にまとめました．

表 4.5　場づくり①：会合の準備

やるべきこと	・その会合では何について検討し，どういうことを決めたいのか，あらかじめ会合のねらいと議題，時間配分を明確にする． ・サークルメンバーに，開催の案内をする際などに議題や決めたいことを事前に伝えておくようにする．
ワンポイント	・当日の会合をより密度の濃いものにするために事前にその議題について，各自の案を考えて来てもらうよう宿題を出しておく． ・事前の気づきやアイデア出しの例として，職場に「気付きボード」などと名づけたホワイトボードを用意し，各自が議題に対して気づいたことをポストイットに書いて貼ってもらい，会合の際，その気づきを使うことで会合を進めている例もある．

表 4.6　場づくり②：会合の実施

やるべきこと	・会合開始時には，気軽に発言できる雰囲気づくりに努める．雑談や日常会話などから入るとよい． ・議題をわかりやすく説明し，討議に進める． ・記録係を決めて，発言内容を要約して書き出し，見えるようにする． ・全員が納得する結論とし，それを確認する． ・次回の会合日，時間，議題を決める．
ワンポイント	・例えば，リーダー自身の身近に起こったこと，自分の興味のあることなどに関して，皆がエッと思うようなことなど，ほんの数分でよいので，こうした雑談などを入れると場が和み，以降の会話が弾みやすくなる． ・メンバー全員が積極的に発言するように，うなずいて根気よく聞く．先走って言ったり批判や否定したりしない． ・会合と言うと，机を囲んで椅子に座ってやるものとのイメージがあるが，立ったままでやる方が効率的との意見もあり，立ち会合を実施しているサークルもある．

表 4.7　場づくり③：会合のまとめと報告

やるべきこと	・会合の記録を作成する．実施すべき事項については，担当と納期を明記する． ・会合記録を管理者へ報告し，必要に応じてアドバイスを受ける．
ワンポイント	・会合で作成した図表などは，パワーポイントなどで作成しておくと，発表資料の作成がスムーズに進められる．

QCサークル会合の成果は，メンバー一人ひとりの考えや意見でつくり出されますので，メンバーは，会合の主役です．単に会合に参加していればよいといった考えではなく，次のような心構えで臨みましょう．

・サークルリーダーに協力し，会合における自らの役割を果たす．

・前向きに考え，前向きの意見を積極的に発言する．

・人の意見をよく聞く，先走って言ったり批判や否定したりしない．

・人のアイデアにどんどん相乗りし，よりよい案を追求する．

会合では，自分では思いもよらなかった良案が出るなど，予想を超える展開が生まれることがあります．これは，ある意味，会合の醍醐味といえるものです．このような展開が生まれるためには，場の雰囲気が大切です．自由に発想し，思ったことを言い合える雰囲気づくりに努めましょう．

(2) テーマ解決活動

ここでは，あるテーマの解決・改善に取り組むことを一つの場としてとらえたときの場づくりについて説明します．前項のサークル会合という「場」は，一連の活動を時間的断面でとらえたものであるのに対し，本節のテーマ活動は，テーマ選定からテーマ完了までの一連の流れを「場」としてとらえたものです．

テーマ解決活動は，リーダーの“ヤル場”であるとともに，メンバー全員の“ヤル場”でもあります．この場の雰囲気も，リーダーのありように大きく左右されることは間違いありません．リーダーは，「目標必達への決意」や「自分がこの場を引っ張っていくのだという気概」をもつとともに，メンバーがもつ能力を発揮できるように“場づくり”をしていく必要があります．

リーダーは，取り上げたテーマについて設定した目標を達成するため，活動の手順，メンバー全員の役割分担，活動スケジュールをメンバーの理解・納得のもとで明確にします．

活動の手順として代表的なものは，QCストーリーと呼ばれているもので，

① 日常の業務で発生した問題の原因を追究して再発防止の対策をとる「問題解決型 QC ストーリー」
② 新規業務への対応や既存業務における現状打破のための方策をとる「課題達成型 QC ストーリー」
③ 現状の把握段階で，対策の方向性が見えてきたときに用いる「施策実行型 QC ストーリー」
④ 技術はあるにもかかわらずうまく活用されていないため発生するトラブル・事故を防ぐために，対策を実施する「未然防止型 QC ストーリー」

などがあり，取り上げた問題・課題の内容に応じて最適な型を選定します．

また，効果的・効率的に問題を解決あるいは課題を達成するには，事実に基づいて判断し行動することが重要です．そのための手法として QC 七つ道具をはじめ，多くの QC 手法が用意されているので，これらを適切に活用していきましょう．

テーマ改善活動を進めるにあたって，各サークルはさまざまな“ヤル場づくり”の工夫を凝らしながら活動を進めていますが，その工夫例を表 4.8 に示します．

こうした進め方の工夫も凝らしながら QC ストーリーのステップに沿って活動を進めていきますが，なかなかうまくいかず壁に突き当たることもあると思います．こんなときには，さらなる努力もさることながら，上司やベテランに相談して力を借りたり，専門部署に協力を要請するなどして粘り強く進めましょう．また，少し距離を置いて全体を俯瞰してみるとヒントが得られることもあります．何とかしたい，できるはずだと思って頑張れば，きっと乗り越えられるでしょう．

テーマ解決活動が完了したら，その締めくくりとして，活動の結果を形に残すようにしましょう．具体的には，改善提案制度への提案や活動体験談としてのまとめなどです．

多くの企業では改善提案制度を設けています．QC サークルの活動の中での

表 4.8　テーマ解決活動の進め方における工夫例

困りごと	工夫例
計画どおりに進まない	活動計画を作成した段階で，どうすれば立案した期限どおりに実施内容をやり切れるか，リスク項目を洗い出し，対処策を明確化しておく．
時間とともにモチベーションが低下	テーマの進捗状況や各種情報を，メンバーや関係者と共有するためのツールを準備し，テーマ解決への意識づけをしながら活動を推進する（伝言ボード，コミュニケーションボードなど）．
フレッシュなサークルで改善に不慣れ	改善指南役を設置し対策をやり切る（改善専門の部署の人がサークルに入り改善方法を指南する）．
単独では解決が難しい	前後工程や関係部署などを巻き込んだ合同サークル活動（専門知識の活用，関連部署の総智で解決）．
安価な方法で改善したい	改善道場，からくり道場で改善手法をマスターし，安全・安価に対策を実現する（サークルの能力も向上）．

創意工夫を提案するとよいでしょう．提案には，個人提案とグループ提案がありますが，グループ提案にすることにより，仲間意識や連帯感もより強くなります．提案制度はそれぞれの企業が定めたやり方がありますので，これに従って提案してください．

また，活動内容や成果は報告会や発表会などで発表するとよいでしょう．職場で実施する報告会は，発表準備にあまり時間や費用をかけずに所属長や職場の仲間に改善内容を聞いてもらうもので，改善内容の報告や水平展開などがねらいです．また，発表会は，次節で詳しく紹介しますが，問題解決の手順やQC手法を活用して改善した内容や過程，運営のやり方などをまとめたものを自職場の内外や全社，あるいは社外の人に聞いてもらうものです．いずれも，まとめるということを通じて，活動の振り返りができ，サークル活動のレベルアップにつながります．

(3) メンバーの育成

サークルリーダーはメンバーの育成にも配慮する必要があります．メンバーに“ヤル気・ヤル腕”を発揮させる場を提供し，それをやり切らせることで達成感を味わわせ，次のチャレンジにつなげる，というサイクルを回すことが，メンバーの成長につながります．

メンバーに提供する場の規模や重要度は，役割を分担させるメンバーの力量に合わせることが大切です．以下に示すように，順を追って徐々にレベルを上げていくとよいでしょう．

① 最初は，サークルのテーマ活動において，実施事項の担当から始める．

② 次いで，あるステップを担当させる．時にはベテランとペアを組ませてノウハウを習得させるなども有効．

③ その後テーマリーダーを任せる．

また，メンバー一人ひとりの弱点を把握し，その弱点を補強する“場づくり”をすることによってレベルアップを図るというやり方もあります．事例4.2で具体的なやり方を紹介します．

【事例 4.2】 日野自動車株式会社 古河工場 イージーサークル

出典：第47回全日本選抜QCサークル大会要旨集

イージーサークルは，大型・中型トラックの最終組立ラインで主にエンジン搭載を担当しています．平均年齢28歳，平均勤続年数9年の若いサークルで，ベテランの佐久間さん，中堅の玉井さんのキーマン2人を中心にチームワーク抜群のサークルです．車好きが多いため，車の話題では盛り上がる反面，QCサークル会合は沈黙ムード．サークルレベルはCゾーン．まずはキーマン2人のQCレベルを高め，全体を引き上げることが課題でした．

そこで，リーダーは2人の分析を実施し，弱点を明確にしました．上司にも相談してアドバイスを受け，各種部内活動とリンクさせてレベルアップを図ることとしました．

キーマンの弱点

【役割】	【現状の弱み】	【弱点】
リーダー候補 佐久間	ワンパターン／様々な角度から分けて見ることが出来ない／4Mからの現状把握：人 有り，方法 無し，設備 有り，材料 無し	層別
次期サブリーダー 玉井	絞り込みが不十分／数値化して順位決めが出来ない	重点指向

① 佐久間さんの弱点とレベルアップ

佐久間さんのレベル把握で深掘りして見ると，「層別」習得度が50%と，ベテランとしては低いレベルでした．そこで，佐久間さんには，部内SAFETY活動のテーマ「吊り下げインパクトにおける危険リスク低減」に取り組んでもらいました．

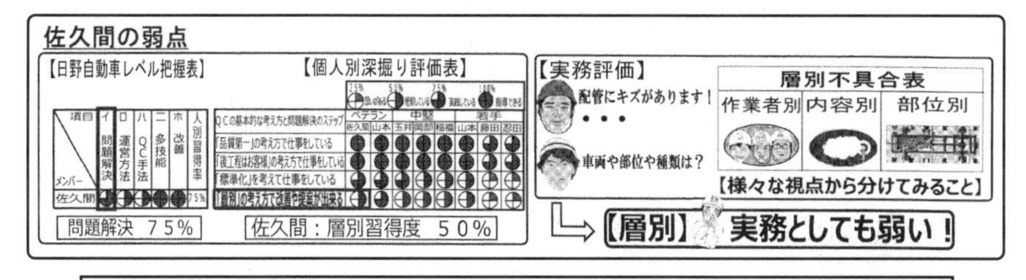

吊り下げインパクトにおける危険リスク低減

このテーマに取り組む中で，層別の力をつけてもらうため，リーダーは層別手順シートを考案．佐久間さんはこのシートを使って多方面から分析した結果，吊り下げインパクトはリスクⅢと高く，Ⅰまで低減する必要があることを明らかになり，対策まで結び付けることができました．

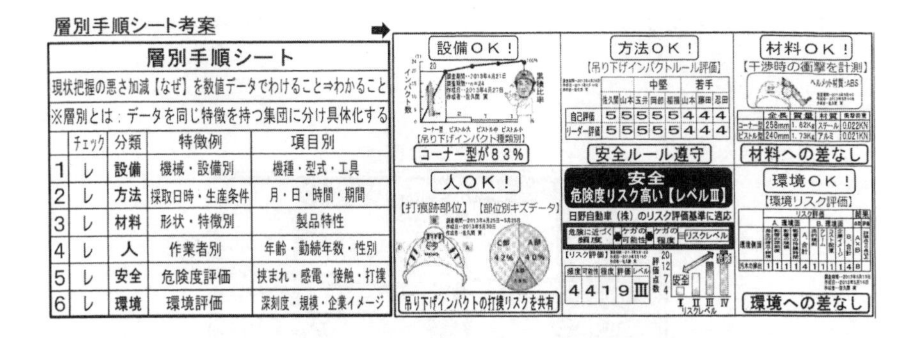

層別手順シート考案

層別手順シート				
現状把握の悪さ加減【なぜ】を数値データでわけること⇒わかること				
※層別とは：データを同じ特徴を持つ集団に分け具体化する				
	チェック	分類	特徴例	項目別
1	レ	設備	機械・設備別	機種・型式・工具
2	レ	方法	採取日時・生産条件	月・日・時間・期間
3	レ	材料	形状・特徴別	製品特性
4	レ	人	作業者別	年齢・勤続年数・性別
5	レ	安全	危険度評価	挟まれ・感電・接触・打撲
6	レ	環境	環境評価	深刻度・規模・企業イメージ

② 玉井さんの弱点とレベルアップ

玉井さんのレベル把握を深掘りすると，「重点指向」習得度が50%と，次期サブリーダーとしては低いレベルでした．そこで，玉井さんには，部内TPS活動のテーマ「動作線図解析による正味率向上」に取り組んでもらいました．

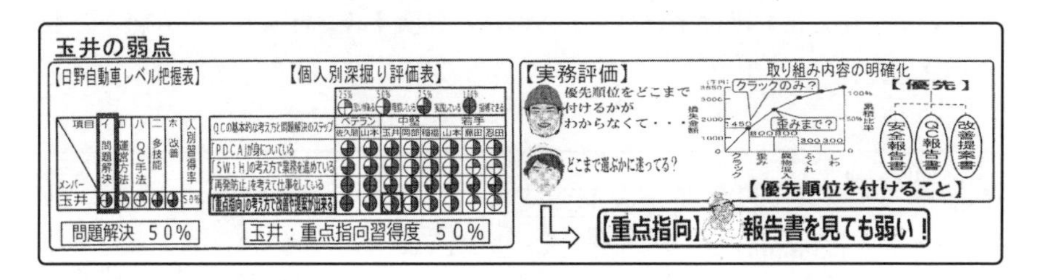

リーダーは，重点指向力を向上させるため，影響度評価にて優先順位を決める「重点指向選定シート」を考案しました．これを活用して効果的に正味率を向上させることに成功しました．

このようにして，佐久間さん，玉井さんのレベルアップをはかった結果，キーマンが若手を引っ張り，サークルレベルはAゾーン少し手前のBゾーンまで成長させることができました．

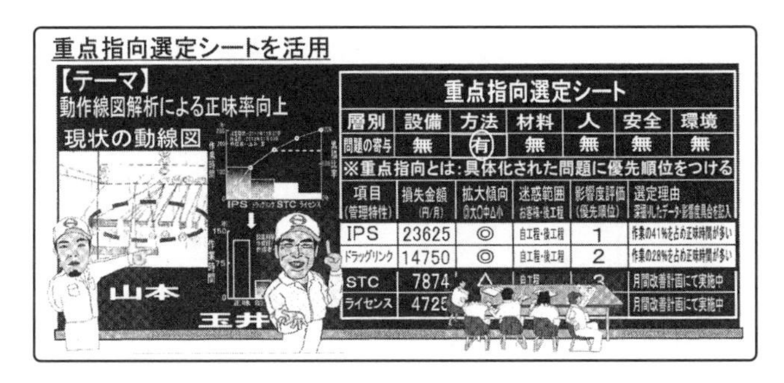

テーマリーダーを担当させる，サークルリーダーを任せるといったように役を与えて育てるやり方や，一人ひとりの弱点を明確にし，そこを補強する取組みによって育成するやり方を紹介しました．いずれのやり方がより効果的かは，本人をよく見て判断することが大切です．

「役が人を育てる」と言われます．「彼は，まだまだだからこれを任せるのは無理だな」，などと言っていると，いつまで経っても任せることはできません．任せる度量も必要です．やらせてみると「思った以上にやるなあ」ということはよくあることです．

しかし，任せっきりにして「後はよしなに」ではいけません．相手を信じて任せ，しっかりと見守ることが大事です．「無沙汰は無事の便り」よろしく，何も言ってこないからうまくいっているだろう，などと思っていてはいけません．適度な距離感を保ちつつ声かけをして，

- 目配り（自分のことばかりでなく，周囲にも目を向けられる余裕をもつ），
- 気配り（相手のことを考えて行動する），
- 心配り（協力しようという気持ちをもつ）

を大切にしましょう．

(4)　発表会

①　発表会とは

QC サークル活動を支える自己啓発，相互啓発の場には，発表会や研修会，

交流会などがあります．ここでは，発表会について触れたいと思います．

発表会というと，拒絶反応を示す人がいたりしますが，そもそも発表会はなぜ必要なのでしょうか．

QCサークル本部主催のQCサークル全国大会のパンフレットには図4.1のように記載されています．

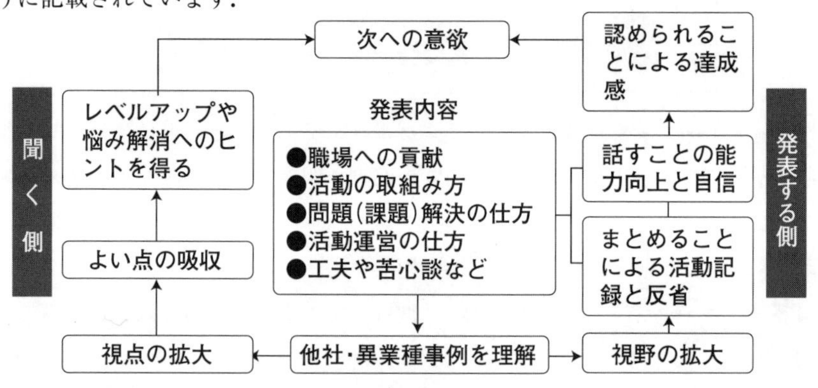

QCサークル発表で得るもの

・自分達のQCサークル活動（小集団改善活動）の体験事例，アイデアなどを発表して，他社の人々の意見や助言を受け相互啓発を図ります．
・発表をすることによって，多くの人たちにその成果が認められ，それがメンバー全員の誇りとなり，QCサークル活動としてのよろこびや自信につながります．
・他社・異業種のQCサークル活動（小集団改善活動）を身をもって感じることが大きな刺激となるとともに，その良い点を吸収して自分たちのQCサークル活動に反映させます．
・発表・質疑応答を通じて見識を高め，視野を広め，意識を向上させます．このように，QCサークル全国大会への参加は，いろいろな刺激を受け，相互啓発がはかられ，メンバーひとりひとりの成長に大いに役立ちます．

図4.1　発表会での発表と聴講で得られるもの

出典：山田佳明編著：『QCの基本と活用』，日科技連出版社，2009年，およびQCサークル全国大会パンフレット．

発表会は，当日もさることながら，発表に至るまでの体験が大きな勉強の“場”です．発表会は決して目的ではなく，自分自身を成長させるための手段としての“場”なのです．

また，サークル活動を活性化させることができる“場”ともいえます．「次の全社大会に出場できるよう，このテーマを何としても解決しよう」と目標に掲げ，メンバーの想いを一つにして頑張る起爆剤にもなり得ます．

発表することがノルマだからといってイヤイヤ取り組むのではなく，前向きにとらえて積極的に取り組めば，発表を通して得られるものは大変大きいでしょう．

② **発表会の種類**

発表会には，自部署の係内・課内の仲間や所属長を対象に行う職場内発表会から，各社の全社発表会，そして社外発表がありますが，ここでは，社外発表会について，体験談の内容と大会にはどのようなものがあるかを例示しました(表4.9，表4.10参照)．ご自身の会社の推進事務局とも相談して，目標の発表会を定め，挑戦してみてはいかがでしょうか．

表4.9　体験談の内容

区分	内容
改善事例	品質，コスト，安全，保全，CS，環境など，職場の問題・課題を発掘し，どのように改善を行ったかについての内容
運営事例	継続した改善活動を進める中で培われた活動の創意・工夫，メンバーの成長，職場力の向上などをまとめた内容
推進事例	QCサークルを推進・支援しているQCサークルの上長，支援者，推進事務局の方々が，日頃どのように教育・訓練，指導・支援などを行い，QCサークルを育成して，QCサークル活動の活性化に努めているかについてまとめた内容

表 4.10　主な QC サークル大会

区分	主な大会
本部	・QC サークル全国大会 ・全日本選抜 QC サークル大会 ・事務・販売・サービス(含む医療福祉)部門全日本選抜 QC サークル大会 ・国際 QC サークル大会
支部・地区 (東海支部の例)	・フレッシュ大会，いきいき事例大会(愛知地区)，さつき大会(静岡地区)，青葉大会(三重地区)，清流大会(岐阜地区)など ・地区選抜大会(各地区)，支部選抜大会(東海支部) ・チャンピオン大会(東海支部) ・総合交流大会(東海支部)

それぞれの大会の詳細は，一般財団法人日本科学技術連盟や QC サークル各支部・地区のホームページなどにてご確認ください．

③　発表会のポイント

発表会をより有意義な場とするためのポイントを以下で説明します．

発表会までの準備：

・まずは，挑戦しようと決めた発表会に参加し，発表事例を聞く．

・メンバー全員が協力して発表資料を効率的につくる．そのためにも日頃の会合の記録を残す．収集したデータは Q7，N7 などを使って使える形に日頃から整理しておく．全体の流れを検討したうえで各ステップの取り組みを整理していく．資料は，簡潔・的確に，一貫性(統一性)を保ち，見てすぐわかるようにする．

・全員参加のもとで発表リハーサルを行い，わかりやすさ，発表スピード，間のとり方，発表態度などを確認する．

発表会での発表：

・誰でも緊張するもの．力まずに練習時と同じように発表する．
・会場に合った声の大きさで，語尾まではっきりと発音する．
・質疑応答で，質問内容がわからないときには曖昧なままにせず聞き直す．

発表後：
・メンバー全員で振り返り，よかった点，改めるべき点を明確にする．
・講評内容や質問内容を検討し，今後の活動に活かす方法を明確にする．
・メンバー全員でねぎらい合い，次のサークル目標を話し合う．

以上のことを心がけるとよいでしょう．

(5) 果敢なるチャレンジ

本章で紹介してきた“場”は，繰り返し経験することによって，それまでに培った“ヤル腕”に磨きがかかり，より確実にテーマ完結につながってゆくものです．

しかし，この繰り返しだけでは，“ヤル腕”を磨くスピードは比較的緩やかなものに留まってしまいます．

実力アップのためには，それまでに培った力を発揮し，達成困難な課題にチャレンジするのが有効です．チャレンジすることによって，自分達に新たな力をつけることができます．果敢にチャレンジし目標達成したときの達成感は大変大きく，自らの成長を実感でき，大きな自信につながることはいうまでもありません．

「果敢なるチャレンジ」とは，従来より明らかに高い目標に挑んだり，自分達にとっては未知の分野・未経験のことに挑むことです．

飛躍的な能力進展を図るためにも，「果敢なるチャレンジ」ができる“場”を積極的につくり出しましょう．あるいは望まなくとも必然的にそうならざるを得ない場合もありますが，取り組むべき問題や課題から逃げることなく，

【ちょっと一息】 ご存知でしたか？ パワーポイントの簡単キー操作.

発表後の質疑応答などの際，指定ページを表示させるときなどに，図4.2のような使い方をマスターしておくとスマートに操作できます.

	使用するキーと操作	機　能
スライドショーの開始	F5 ファンクションキー5	スライドショーを1頁目から開始
	Shift ＋ F5	現在のスライドからスライドショー開始
スライドショー開始後のキー操作	Enter ↓ → Page Down	次のスライドへ進む（マウスのクリックでも同様）
	↑ ← Back Space Page Up	1つ前のスライドへ戻る
	スライド番号に続けて Enter	指定した番号のスライドを表示
	B	画面全体を黒くするもう一度押すと戻る
	W	画面全体を白くするもう一度押すと戻る
	Esc	スライドショーを終了する
	A	マウスポインターの表示・非表示の切替

（注意）パワーポイントのバージョンにより異なることがあります.

図 4.2　プレゼンテーションに役立つちょっとしたパソコンのキー操作

出典：『QCサークル』誌，2017年11月号.

「果敢なるチャレンジ」をしていきましょう．

たとえば，これまで低減活動をしてきたものの慢性化してしまっている不良の撲滅に取り組む，従来から不良低減のテーマに取り組んできたサークルであれば新たに生産性向上のテーマに取り組む，などが挙げられます．

果敢なるチャレンジの場をつくるとき，すなわち，「この難題にチャレンジしよう」と決断するときには，注意すべきことがあります．それは，そのチャレンジをすることの意味づけが明確で腹落ちしているかということです．

その難しい課題・テーマになぜ，今取り組むのか，そのままにしておくとどうなってしまうのか，逆にそれがうまくいくとどういう嬉しさがあるのかなど，その必然性を明確にしメンバー全員が理解していることが大切です．

「果敢なるチャレンジ」には，困難がつきものです．壁にぶち当たったとき，そこで踏ん張って乗り越えられるかどうかが勝負の分かれ目です．そのときに，心の拠り所となるのが，なぜこの課題に挑んでいるか，という必然性です．それが腹落ちできていて，その実現を強く望んでいれば，相当な踏ん張りがきくことでしょう．

4-3 “ヤル場づくり”における上司（管理者）・事務局の役割

QCサークル活動で得たい成果は，個々のテーマの改善効果もさることながら，それ以上に，活動を通じて得られる自己実現や一人ひとりの能力向上にあります．この成果を積み重ねていくことで変化に強い職場ができてきます．したがって，QCサークル活動には，永続性が必要であり，この永続性を担保するために，各企業や団体では，推進組織を作り，年間計画を立てて推進しています．

この計画には“ヤル気・ヤル腕・ヤル場の三づくり”の観点から実施項目が

織り込まれていることが大切です．“ヤル場づくり”の観点でいえば，サークルの結成と登録，テーマ解決活動，社内外発表会，研修会・交流会などです．推進事務局は，不足項目はないか，効果的に運営できているかなどの観点から，今一度見直しをするとよいでしょう．

部下の育成は，上司の責務です．したがってサークルの上司は，本来自らがやるべきことをQCサークル活動という手段も活用して行っているという認識に立ち，サークルの状況・雰囲気，テーマ解決活動の進捗など，QCサークル活動の状況をきめ細かに把握し，適切に指導・助言していかなければなりません．QCサークル活動は自主的活動だから，推進事務局から出された年間計画に基づいてサークルがやればよい，などと放任していてはいけません．それは自主的という言葉の履き違えです．

“ヤル場づくり”の観点からは，本人の成長度合いに応じてサークルリーダーに任命する，サークルの実力に応じてより難しいテーマや横断的なテーマに挑戦させる，他部門との連携活動に挑戦させる，社内外発表会に挑戦させる，研修会等に派遣するなど方法が考えられます．こうしたことを指示する場合は，本人への期待をしっかりと伝えたいものです．

第5章 三づくりでステップアップ

ここまで，ヤル気・ヤル腕・ヤル場の三づくりについて学んできました．

第5章では，総仕上げとして，三づくりでQCサークル活動をステップアップする方法について，事例を交えて解説します．

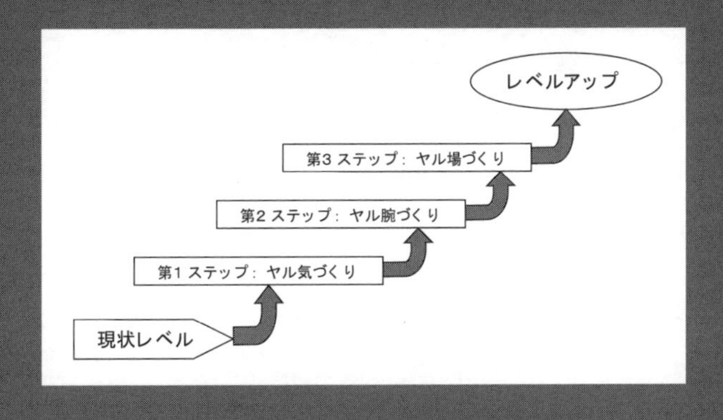

5.1　QCサークル活動のレベルアップをめざして

“レベルアップ”とは，広辞苑では，「水準の向上」とあります．QCサークル活動に当てはめると，

「QCサークル活動の基本理念に対して，ステップアップすること」

と考えました．

ややもすると，レベルアップのために課題達成型QCストーリーに取り組むとか，外部発表大会で大会賞をねらう，などの挑戦的なイメージを思い描く人もいるかもしれません．確かに挑戦する勇気と気質は必要なことですが，これだけでは一発の打ち上げ花火になってしまう可能性があります．

QCサークル活動は，継続することが大切ですので，この継続の中で一歩一歩前へ進むことがレベルアップととらえるとよいでしょう．では，どのようにして一歩一歩前へ進んでいけばよいのかを以下で解説します．

(1)　達成の喜びを味わえる活動にしよう

まず，継続について考えてみます．3.3節で，“継続性”について記載しましたので，参照してください．継続する，すなわち，やり続けるには，何かしらのプラスになることが必要です．プラスといっても，金銭面や名誉ではありません．もっと身近に，心で感じるものです．やりがい，達成感，面白さ，楽しさ，喜び，嬉しさなどです．小さいころから続けている趣味があれば，なぜ趣味として続いているのかを考えてみてください．逆に，あるときを境に，興味が失せてしまい，趣味でなくなったというものもあるでしょう．このことからいえるのは，まずは“QCサークル活動に魅力を感じる”ということです．魅力がなければ，継続することはできません．

どのような観点で魅力を感じればよいのか．なんでもOKです．前述のやりがいがある，達成感を感じる，面白い，楽しい，喜べる，嬉しいなどでよいの

です．たとえどんなに小さな喜びでも，達成感でもよいのです．

QCサークル活動における“能力の発揮⇒認められる⇒能力の向上”の繰り返しのスパイラルアップによって，達成感の喜びを味わうことができ，自己の成長につながるのです(図5.1参照)．

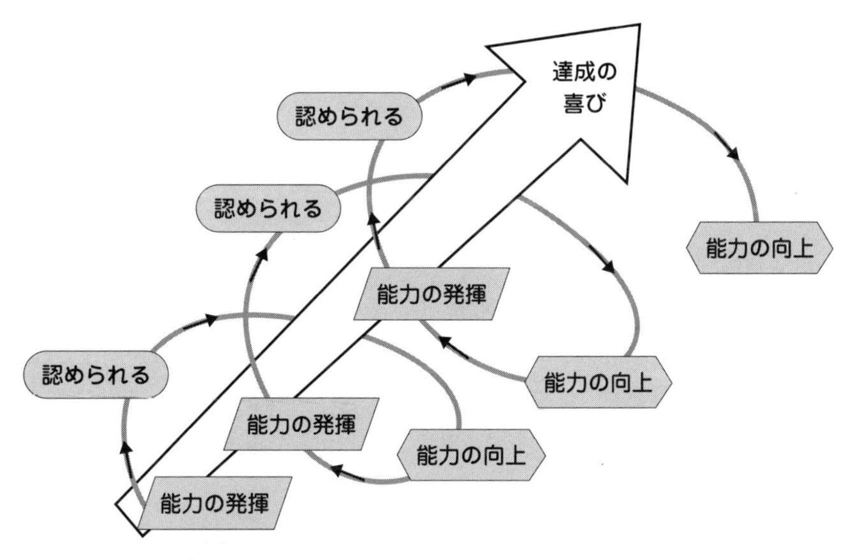

図5.1 QCサークル活動における達成の喜び

出典：QCサークル本部編：『QCサークル活動運営の基本』，日本科学技術連盟，p139，図6.2，1996年．

現状に満足せずに，少しでもレベルアップしたいと思うなら，三づくりでステップアップすることをお薦めします．

(2) きっかけからヤル気が芽生えてくる

他のサークルの発表を聞き，刺激を受けて頑張る気になった，改善活動報告書をまとめているときに，現状把握が不足しているな，要因解析の検証が今回はちゃんとできているぞ，などのように，自分たちの弱点部分や強化できた部分を自分たちで気づくこともあります．この自らの気づきは，次回はこうしようとさらにヤル気が芽生えるきっかけ(刺激)になります．

また，会社で社長に認められて嬉しかった，QC サークル活動の強化に乗り出した上司からの働きかけにより，次期リーダーの育成計画を検討した，という経験をした人もいるでしょう．このような他から与えられるきっかけでもヤル気につながります．

このように，きっかけは，“自分たちで気づくもの”と“他から与えられるもの”があります(図 5.2(a)参照)．

図 5.2(a)のように，きっかけの瞬間にヤル気が芽生えるときもありますが，時間の経過とともに徐々にヤル気になる場合もあります．例えば，QC サークル活動に対して否定的だった人が，突然 QC サークルリーダーに指名された，というような場合です．突然の指名で，その瞬間はヤル気など感じないでしょうが，なぜ自分が指名されたのだろう，と熟考するうちに自分が期待されていることに気づいたり，目的が明確になってきたりします．この目的が定まったら，目的実現のためのヤル気づくりが大切になってきます(図 5.2(b)参照)．

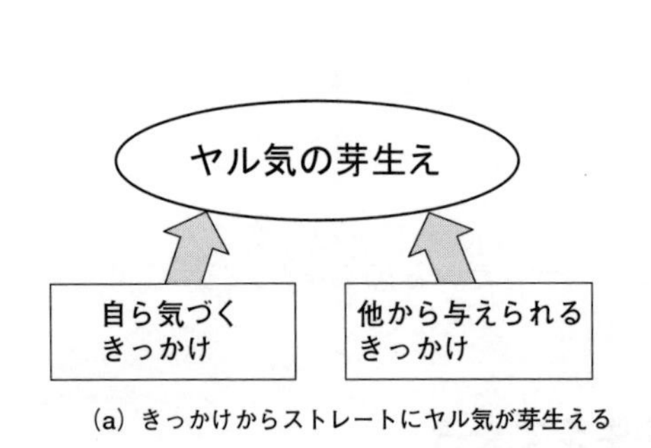

(a) きっかけからストレートにヤル気が芽生える

目的実現のための
ヤル気づくり
目的を定める
何らかのきっかけ

(b) きっかけから目的を定めてヤル気づくり

図 5.2 きっかけとヤル気との関係

(3) QCサークル活動レベルアップの基本ステップ

QCサークル活動をさらに活性化したい，レベルアップしたいと思っていても，何をどう進めればよいのかわからない，というサークルリーダーもいることでしょう．そこで，QCサークル活動レベルアップのための基本ステップを紹介します(図5.3参照).

それは，三づくりを実践することです．ただし，バラバラに実践するのではなく，実践するための基本ステップに基づくと一層効果が期待できます．

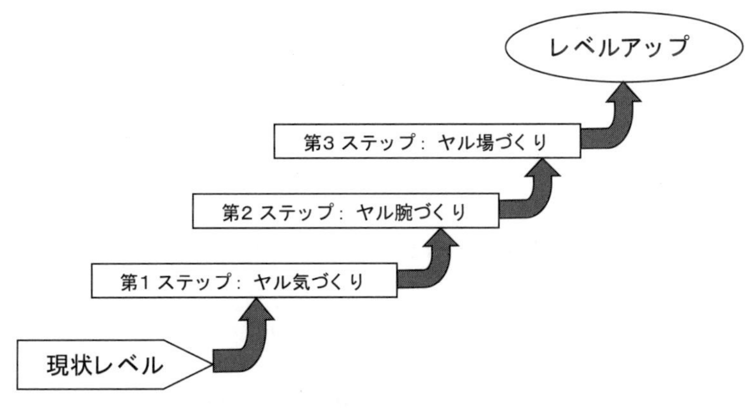

図5.3 QCサークル活動レベルアップの基本ステップ

第1ステップは，ヤル気づくりです．ヤル気がなければ，この先には進めません．行動を起こす際のエネルギーがヤル気です．

第2ステップは，ヤル腕づくりです．何か行動を起こすためには，基礎知識ややり方を知らなくてはならないからです．

第3ステップは，ヤル場づくりです．ヤル気・ヤル腕を実際に活用する場面です．

このようなステップでレベルアップする際に意識しておいてほしいことがあります．それは，「ヤルことハッキリ」，「ヤッタことハッキリ」，「ヤリ方工夫」

という キーワードです.

まず，なぜレベルアップを図ろうとするのか，その目的を明確にします．次に，計画を立案し，どのような手順で進めるのかを決めます．これが，「ヤルことハッキリ」です．目的・計画・手順は，大きな目標に関してだけではなく，ステップごとにも明確にして進めましょう．

次に，各ステップで実施した内容とその成果を見える化します．これが「ヤッタことハッキリ」です．

そして，各ステップでの実行段階では，問題や障害が立ちふさがることがあります．これらを自分たちの創意工夫で，もしくは上司との相談や他社事例などを研究することにより乗り越えていく必要があります．これが「ヤリ方の工夫」です．

何かを実行する際には，これらのキーワードを思い出してください．

ヤルことハッキリ

ヤッタことハッキリ

ヤリ方工夫

(4) 三づくりは独立していない

第1章の表1.1にあるようなQCサークル活動で悩んでいる／困っていることは，“ヤル気”・“ヤル腕”が十分でない，“ヤル場”の問題に分けることができます．これらは独立している問題かと思われますが，相互に関係している問題なのです．

ヤル気がなければ，何もはじまりませんし，ヤル腕がなければどうやって実行するか悩んでしまいます．ヤル場がなければ，ヤル気・ヤル腕を発揮するチャンスがありません．

したがって，ヤル気づくり　⇒　ヤル腕づくり　⇒　ヤル場づくり　という順番が基本であり，大切なのです．

5-2　活動の実績を見える化しよう

何かを始めるときには，“自ら気づくきっかけ”と“他から与えられるきっかけ”があるということを前節で述べました．

ここでは，ステップアップしていくためのスタート地点(準備段階)の話をします．図5.3の「現状レベル」の把握についてです．

まずは，自分たちのサークルの活動状況を見極めなければなりません．そのために活動実績を“見える化”することをお薦めします．見える化とは，モノやコトに関する問題などの必要な情報を誰もが共通認識をもって判断できるようにすることです．

サークルのレベルやサークル活動の状態を表現する方法は，長い歴史の中で工夫され，さまざまなやり方が全日本選抜QCサークル大会などで発表されてきました．ここでは，トヨタグループで開発・実績を積んでいるA～Dゾーンによるサークルのレベル把握と，各メンバーの能力評価について，事例を用いて解説します．

(1)　QCサークルの現状レベルが診断できるトヨタグループの評価表

まず，トヨタグループのQCサークルレベル評価表について，簡単に紹介します．

図5.4に示すレベル把握表を用いて，X軸(横軸)に「QCサークルの平均的な能力」を，Y軸(縦軸)に「明るく働きがいのある職場」を設定し，それぞれ5項目で評価します．そして，X軸とY軸の平均点を交差点に打点します．この打点がA～Dゾーンのどの位置にくるかによってQCサークルレベルを評価します．詳細は，『QCサークルリーダーのためのレベル把握ガイドブック』を参照してください．

Y軸：明るく働きがいのある職場

[レベル把握項目]
（イ）人間関係とチームワーク
（ロ）QCサークル会合実施状況
（ハ）上司・スタッフ・関連部署との連携
（ニ）QCや仕事の知識・技能を向上させようという意欲
（ホ）職場の5Sとルール遵守

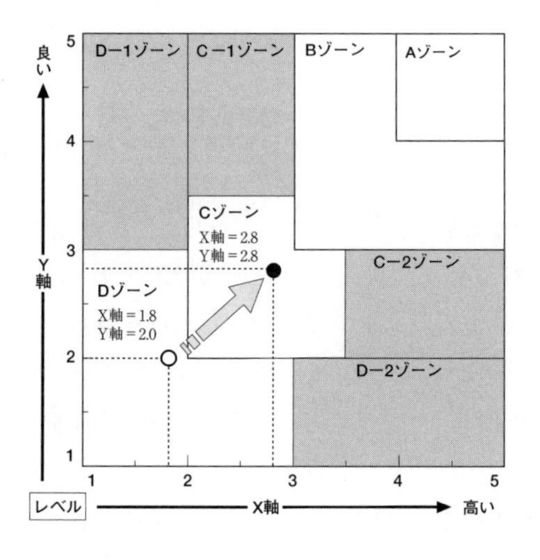

X軸：QCサークルの平均的な能力

[レベル把握項目]
（イ）QCの基本的な考え方と問題解決のステップ
（ロ）QCサークル活動の運営の仕方（リーダーシップ）
（ハ）QC手法の使い方と活動結果のまとめ・発表
（ニ）多技能の向上・ローテーションなど
（ホ）改善技能・改善能力（改善に対するヤル気）

図5.4　QCサークルレベル把握表

出典：トヨタグループTQM連絡会委員会　QCサークル分科会編：『QCサークルリーダーのためのレベル把握ガイドブック』，日科技連出版社，2005年.

ここで，トヨタグループのQCサークルレベル把握表を活用した事例5.1を紹介します．

【事例5.1】トヨタ自動車九州株式会社環境プラント部　ZEROサークル

出典：第46回全日本選抜QCサークル大会要旨集

ZEROサークルは平均年齢27歳・勤続6年と，経験が浅いメンバーで構成されており，サークルレベルはDゾーンに位置し，サークル能力は全体的に低い状態でした．

さらに，図5.4で示したQCサークルレベル把握表でのX軸，Y軸の評価項目を活用し，サークルメンバーごとの評価を行い，個人レベルでの現状も把握しています．

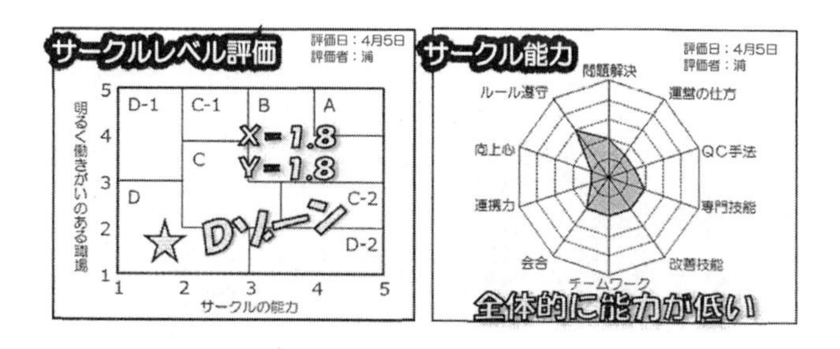

(2)　各メンバーの能力評価

サークルとしての総合力だけではなく，各メンバーの力量も把握し，活動の中でメンバーのレベルアップをはかる運営方法もあります．

メンバーの力量・スキルを評価する項目は多種にわたります．前出のトヨタグループのレベル把握のX軸とY軸の項目を用いるケース(事例5.1参照)，評価項目を詳細に分けるケース(事例5.2参照)などがあります．

【事例5.2】株式会社コーセー　かすみ草サークル

出典：第46回全日本選抜QCサークル大会要旨集

個人スキル表【2011年スタート時点】　□現在いるメンバー

出来ない（0%）　やった事がある（25%）　聞けば出来る（50%）　一人で出来る（75%）　指導出来る（100%）

パソコン			知識・技能											業務 / QCC	手法				改善手順				パソコン		
基準情報管理システム	ルネシステム	タイムプロ	課内調整	品質判断	初動チェック	品質計画書理解	品質計画書準備	各工程管理点	各工程点検点	測定機器操作	数量管理	安全管理	衛生管理	メンバー	QC7つ道具	新QC7つ道具	IE手法	未然防止7つ道具	問題解決型	課題達成型	施策実行型	未然防止型	エクセル	ワード	パワーポイント
														小島											
														藤野											
														高橋											
														斉藤											
														永嶋											
														菅野											

個人のスキルを，職務(知識・技能，パソコン)とQCC(手法，改善手順，パソコン)に細かく分類して評価しています．このように，評価項目を詳細に分けることによって，より具体的な個人個人の強みと弱みが明確になってきます．

5-3　ありたい姿を三づくりで描こう

サークルのレベルとメンバーの能力を評価したら，近い将来のありたい姿を段階的に描き，中期目標を作成することをお薦めします．その際に，ヤル気・ヤル腕・ヤル場の三づくりで計画すると，目標達成に向けて活動しやすくなります．また，ありたい姿を描くときは，上司や支援者にも参画してもらい，一緒に検討することをお薦めします．

【事例 5.3】トヨタ自動車東日本株式会社　IWKサークル

出典：第46回全日本選抜QCサークル大会要旨集

サークルの現状を調査すると，社内の年間課題提出だけの1人QCサークルという状態でした．会合を開いても，みな沈黙．このような状況を見ていた上司から「何が悪かったのか自分で見つけなさい」とのアドバイスを受け，他サークルを見学させてもらい，訪問先のサークルリーダーより「大事な事は日常のコミュニケーション」と教わり，自身の前職（アパレル業界）の強みであるコミュニケーション術と三世代共存というサークルの強みを活かし，3カ年計画を立てて取組みを開始しています．

ここでは，共存の時代での三づくりのみ紹介します．

ヤル気⇒コミュニケーション術10カ条の中の6カ条を実践し，皆の意識改革に成功

ヤル腕⇒先輩を立てて話を聞く「千田塾」で知識と技能を学ぶ
　　　　QC講座の「戸澤塾」を設け，即席QC実践練習シートを考案

ヤル場⇒身近な困りごとに即席QC実践練習シートを活用し，改善実施

コミュニケーション術10箇条

① ストーリーを語る

② スキンシップをする
③ 相手の名前を覚える
④ 名前を呼びかける
⑤ しっかりと目を合わせる
⑥ 顔の表情で気持ちを伝える
⑦ 相手との関係の度合いによって
声の大きさや抑揚を調整する
⑧ 相手に意見を求める
⑨ 言葉を選ぶ
⑩ 人前で相手を褒める

【事例 5.4】株式会社福井村田製作所　妖怪メッキサークル

出典：第 46 回全日本選抜 QC サークル大会要旨集

活気ある職場から新たに配属された職場は，笑顔も会話も少ない男ばかりの職場．壁のない明るい職場づくりと活動の楽しさと達成感を得るために，ヤル気・ヤル腕・ヤル場の三づくりの活動計画を作成しました．

本書の主題である三づくりをそのまま活動計画に活かした事例です．3 期の主な特徴を表 5.1 で紹介します．つながりがあることを読み取ってください．

目指す姿	誰もが認めるTOPサークル		
年度	1期：2013年	2期：2014年	3期：2015年
成長のステップ（レベル把握表）	ヤル気（Y軸向上）	ヤル腕（X軸向上）	ヤル場（Y・X軸維持向上）
成長の施策	ポイント評価の導入	いいねカードの導入	いいねカードの拡大
主な課題	慢性不良撲滅	重要設備の重点不具合撲滅	重要設備の不具合完全撲滅
改善の拘り	三現主義の追究	5ゲン主義の探求	5ゲン主義の探究
当社活動方針	スタッフ・現場一体による自己成長と職場の活性化		

表 5.1 妖怪メッキサークルの主なヤル気・ヤル腕・ヤル場づくり

	ヤル気づくり	ヤル腕づくり	ヤル場づくり
1期 2013年 ヤル気	◆ヤル気・ヤル腕・ヤル場の三づくりの活動計画策定		
1期 2013年 ヤル気	◆目標を持ち評価し合う「めっき侍道場ボード」設置．一人ひとりの成長状況を見える化し，競争心(ヤル気)を掻き立てる．さらに，上司の応援メッセージをボードに掲載してもらうことによって，励み(ヤル気)へつながるようにした．【ボードに目が向く工夫をこらしている】		
2期 2014年 ヤル腕	◆全日本選抜大会で銀賞であった反省の結果，不具合の現象を調査しただけで，不具合の発生メカニズムの追究があまいことに気づく．		
2期 2014年 ヤル腕	◆メンバーのヤル気を取り戻すために，お互いに褒め合うための「妖怪メッキボード」を新設	◆「いいねカード」を追加し，情報共有でヤル腕を上げる	◆原理原則から故障メカニズムを推定し，解析することを専門家の指導を得ながら習得
3期 2015年 ヤル場	◆後工程の女性サークルの悩みをなんとかしてあげたい		◆女性サークルとの交流の場を設ける
3期 2015年 ヤル場	◆サークル間の交流を提案	◆ハイブリッド勉強会 ◆ハイブリッド見学会	◆妖怪メッキボードをハイブリッドボードに改名し，ボードを見てくれる人を拡大するために朝礼場所に移設
3期 2015年 ヤル場	◆トップサークルへの意欲が高まる		◆難易度の高い改善へ挑戦

【事例 5.5】コニカミノルタサプライズ関西株式会社　よろずや本舗サークル

出典：第 7 回事務・販売・サービス部門全日本選抜 QC サークル大会要旨集

15. 考動BOXの誕生

良い質問
↓
みんなで考える
↓
みんなで行動する

良い質問をしたら、
良いアイデアが出るのでは
ないかという話になり、今後、『どのようにしたらいい？』
というようなアイデアが広がるような質問から始める
ことにしました。
会議室にみんなが集まって、みんなで考えたことを、
行動に移していくことをイメージして、この一連の流れを
考動BOXと名付けることにしました。

考動

16. 勉強会の開催

**コニカミノルタグループの
プロセス改善推進本部に
勉強会を依頼**

プロセス改善とは？
「合理的」「科学的」
「効率的」「効果的」
に進めることが大切

PDCAとは？

考動BOXを活用して、
私たちに足りないものが
何かをみんなで考えた
結果、改善するための
知識を身につけるため、
改善推進本部に勉強会
をお願いしました。

改善活動の本質が見えた！

私たちの行動により、会社を
巻き込んで開催された勉強会で、
メンバー全員が『改善するための
知識や進め方』という新たな武器を
目の当たりにし、改善活動の本質に
気づきました。

考動

17. 新しい改善ステップの構築

生産部門の 自主保全(TPM)ステップ	
第1ステップ	初期清掃(清掃点検)
第2ステップ	発生源・困難箇所対策
第3ステップ	自主保全仮基準の作成
第4ステップ	総点検
第5ステップ	自主管理
第6ステップ	標準化
第7ステップ	自主管理の徹底

更に、私たちは、**考動BOX**を
活用して、今後の改善活動の
進め方について、みんなで
話し合ったところ、**生産部門の
改善ステップ**では、私たちJHS
部門では何をしたら良いか、
イメージしにくいことがわかりま
した。

第2ステップは、
私たちには
イメージしにくいなぁ・・・

私たちに合った改善ステップを構築しよう！

業務単位で進んでいける
改善ステップ展開を考え
ればいいんじゃない！

JHS部門の特徴とは？？

生産部門は、みんなが
1つの設備につく形

JHS部門は、
一業務一担当という形

**「業務品質の向上」を目指す
改善ステップが完成！**

よろずや本舗オリジナルの 改善ステップ展開	
第1ステップ	初期清掃
第2ステップ	業務の棚卸
第3ステップ	ムダ削減
第4ステップ	標準化(多能化)
第5ステップ	平準化
第6ステップ	精鋭化

「となりは何を
する人ぞ」
状態になっちゃう
けど、これって
ダメだよね！

**各自の業務を
公開しないと始まらない！**

各自の業務公開をするため、第2ステップは「業務
の棚卸し」に決定し、以降「業務品質の向上」を
目指した改善ステップが完成しました。そして業務
ごとのステップ展開を加速させるためにも、新たな
テーマに取り組みたくなったのです。

決算，予算，税務，原価管理などの経理業務を担当している経営企画課のサークルが，コニカミノルタグループの選抜発表大会で自信をもって発表しましたが，他のサークルの凄さに衝撃を受けました．特に，よいアイデアを出すためにはどうしたらよいかについて話し合い，「考動 BOX」が誕生しました．

ヤル気⇒会社の選抜発表大会に出場したものの，他のサークルとのレベル差を思い知り，衝撃を受ける．この衝撃がヤル気につながり，良いアイデア出しの重要性に気づく
「考動 BOX」の誕生
ヤル腕⇒改善推進本部に勉強会を依頼し，改善のツールを学ぶ
ヤル場⇒自分たちの職場にあった改善ステップを構築
新たなテーマに取り組みたくなる

5-4　活性化へのきっかけを見つけよう

5.1 節において，きっかけ（刺激）からヤル気が芽生えてくることを解説しました．きっかけには，“自ら気づくきっかけ”と，“他から与えられるきっかけ”（周りから与えられるきっかけ）がありました．ここでは，QC サークル活動を活性化するための観点から解説します．

今の状況を何とかしたいと感じてはいるけれど，なかなか一歩踏み出せない，というリーダーも多くいると思います．そのような場合には，何かきっかけがあると行動に移しやすくなります．

できることならば，周りから強制的にきっかけを与えられるよりも，自分たちの手できっかけをつかみたいものです．そのほうがやりがいを感じるからです．自分たちできっかけをつかむには，自分たちで気づくように努力するしかありません．

通勤途中での観察，会社での仕事中での変化など，さまざまな場面で気づき

を鍛えることができます．何でもよいので焦点を絞り，興味をもってみてください．その興味に対して，何気ない普段どおりのこと，逆に普段とは少しだけ違うこと，大きく異なることなどを意識して考えてみると，気づきにつながります．ぜひ，気づきの感性を鍛え，きっかけを見つけて活性化につなげてください．一方，上司や推進者からの目で，サークルに対し，活動が止まりかけていて，何をもたもたしているのだ，背中を押してあげる必要があるかな，と感じたら，サークルが気づくきっかけをつくってあげてください．このきっかけづくりも，上司や推進者の重要な役割なのです．

5-5　活性化へのＰＤＣＡを回そう

5.1 節(3)項において，ヤル気づくり⇒ヤル腕づくり⇒ヤル場づくりという「QC サークル活動レベルアップの基本ステップ」を紹介しました．これを確実に回していくためには，皆さんご存知の PDCA サイクルを活用します．

5.3 節で紹介したような，サークル活動計画(例えば，3カ年計画)を立てて活動するような場合，3年後の目標達成に向けて PDCA を回します．この PDCA を回すうえでのポイントは，3年後の目標だけではなく，半年単位や１年単位での目標，場合によってはもっと短い期間での小さなゴールを決めておくことです(図 5.5 参照)．大きな目標は，頑張れば手が届きそうな小さな目標にブレークダウンして，一歩一歩着実に歩めるようにすることが大切です．

小さな目標であれば，途中で挫折する確率も低くなりますし，なによりも，目標を達成する度に達成感を味わうことができます．この達成感・やりがい感が次の目標に挑戦するエネルギーになるのです．

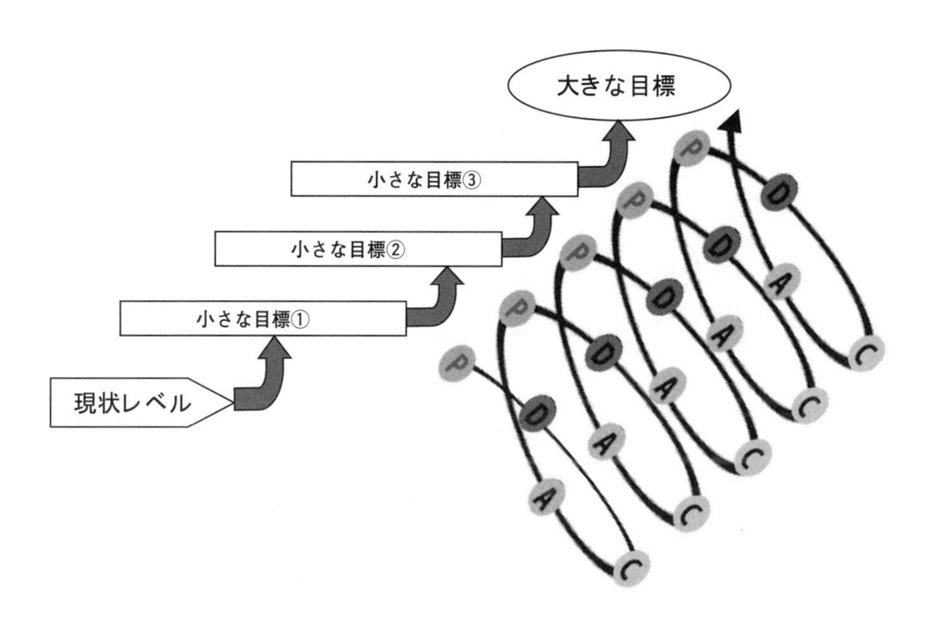

図 5.5 大きな目標を達成するために小さな目標を設ける

第6章

運営事例に見るヤル気・ヤル腕・ヤル場の三づくり

第６章では，これまで解説してきた三づくりが実際のＱＣサークル活動の中でどのように行われているかを見てみましょう．

この章では，「三づくり」の事例として，2016年11月19日に東京ビッグサイトで開催された「第46回全日本選抜QCサークル大会(小集団改善活動)」にて，本部長賞金賞を受賞した事例から，「株式会社デンソー大安製作所　みらくるサークル」の事例を紹介します．

この事例は，かつての元気を失ったサークルが，「三づくり」の取組みによって，輝きと誇りを取り戻すことができた事例です．

みらくるサークルは，輝かしい成績を残してきた伝統あるサークルでしたが，担当製品の海外生産移管により減産職場となり，次第に元気・ヤル気をなくしていきました．そんな中，定年退職者と入れ替わりに明るく元気な新人が入ったことを機に，サークルリーダーは「復活」を決意．2年・3期にわたる取組みを果敢に進めました．

第1期は，ベテランを中心としてサークルメンバーの“ヤル気”を取り戻し，第2期で，種々の工夫により新人の“ヤル腕”を育成しました．第3期では，“ヤル場づくり”として，これまで難題のため対策の糸口すら見出せなかった問題に果敢に挑戦して，見事解決しました．みらくるサークルは，復活を果たしたのです．

“ヤル気づくり”，“ヤル腕づくり”，“ヤル場づくり”をどのように進めたか，「三づくり」の事例として，参考にしてください．

＊＊＊＊＊＊＊＊＊＊＊＊＊＊＊＊＊＊＊＊＊＊＊＊＊＊＊＊＊＊＊＊＊＊

輝きと誇りを取り戻したい！

～サークルの復活と成長に向けて取り組んだ２年間の歩み～

株式会社デンソー大安製作所　みらくるサークル

（第46回全日本選抜ＱＣサークル大会要旨集から）

＊＊＊＊＊＊＊＊＊＊＊＊＊＊＊＊＊＊＊＊＊＊＊＊＊＊＊＊＊＊＊＊＊＊

「みらくる」サークルは，1989年に発足し，多くのミラクルを起そうと「全員参加でワイワイガヤガヤ」をモットーに，輝かしい成績を残してきた伝統あるサークルです．

しかし，事業環境の変化により，担当する製品(EGR)が，海外への生産移管によって減産に次ぐ減産となりました．その結果，16人いたサークルは，リーダーの伊藤さんとベテラン４人のみとなってしまい，すっかり元気・ヤル気をなくしていました．

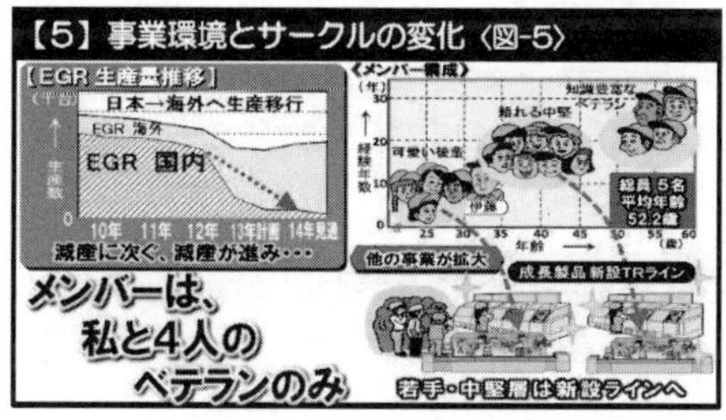

こうした状況の中，最長老のやまさんの定年退職と入れ替わりに明るく元気なトモさんが入ってきたのを機に，リーダーは「みらくる」の復活を決意します．

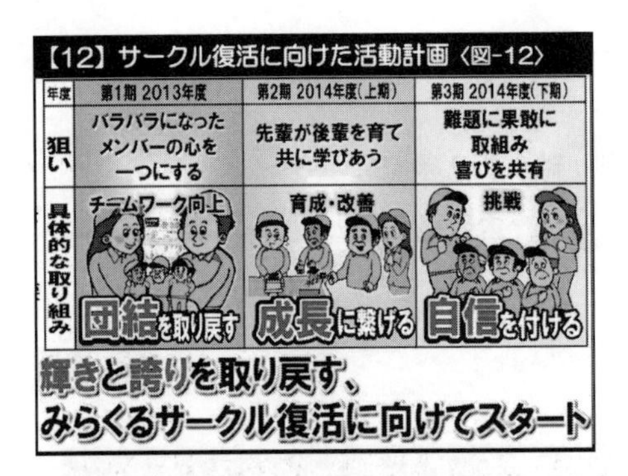

【12】サークル復活に向けた活動計画〈図-12〉

かつて輝きがあったころのサークル活動の経験から，リーダーは復活のシナリオを立案しました．

それは，部方針である不良ゼロにこだわる活動を通じて，

① ベテランの意欲を向上させて団結を図る⇒ヤル気づくり

② ベテランの強みである豊富な知識・技能をトモさんに伝承して育成する⇒ヤル腕づくり

③ さらなる成長のため，トモさんを中心に全員で難題を解決し自信をつける⇒ヤル場づくり

というもので，2年計画で復活に向けて活動をスタートしました．

【第1期】

【13】第1期　団結を取り戻す〈図-13〉

【14】困りごとを共有し心をひとつに問題解決〈図-14〉

【第1期】ベテランのヤル気づくり

ベテランの上村さんが，やりにくそうに作業しながらトモさんの作業指導しているのを見たリーダーは，若いころは難なくやれていた作業も，年をとるとやりにくい作業になり，これが意欲低下につながっていると考え，やりにくい作業の改善で，ベテランの意欲向上を図ろうと発想します．

メンバーの本音を聞き，やりにくい作業のリストアップを進め，マップにして見える化・共有し対策を推進しました．

活動を始めたころは，「こんな少量ラインでそこまでしなくても…」と消極的だったベテランも，改善により作業がやりやすくなるのを実感し始めると，徐々に改善魂に火がつき，積極的に改善を進めるまでに変化していったのです．

改善事例として，握力の弱い位田さんが苦手なカバー締付治具の段取りは，手運搬をなくし，スライドさせてセットする方式に改良することにより，作業負荷を軽減するとともに段取り時間も短縮できました．

リストアップした18件に対し，第1期では17件の改善が完了．ベテランの意欲＝ヤル気は大幅に向上し，サークルレベルもBゾーンに向上しました．

こうしてベテランの意欲を高めたサークルの次なる課題は，トモさんの問題解決力を高め，サークル全体の成長につなげることです．

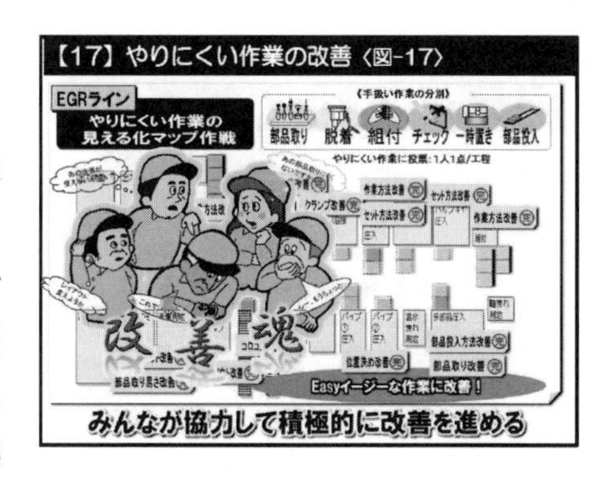

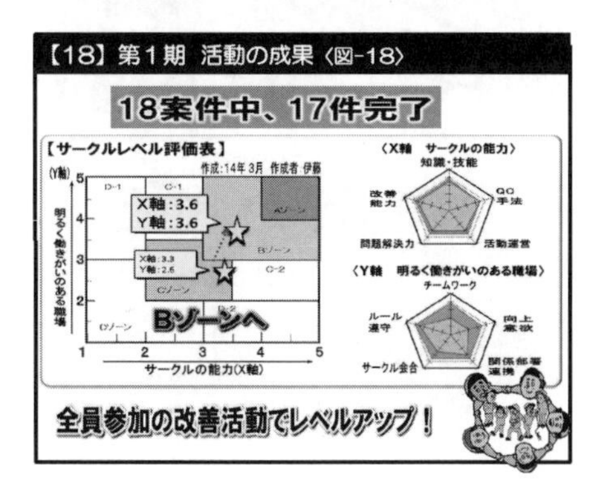

【第２期】

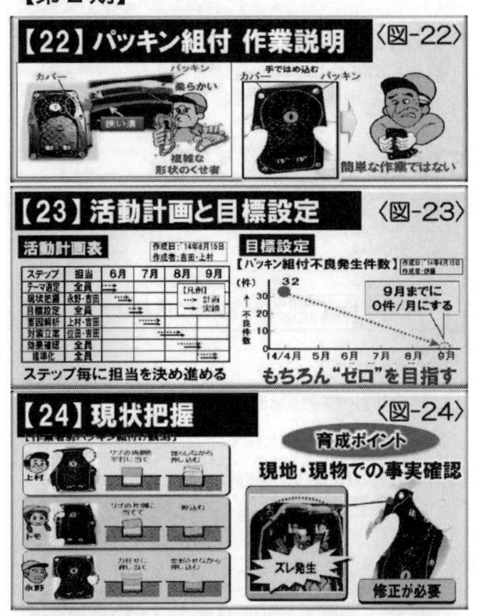

【第２期】トモさんのヤル腕づくり

残る１件のテーマは，パッキン組付作業です．この作業に起因して工程内不良「カバー漏れ」も発生しており，このパッキン組付作業に対し，漏れ不良の対策も含めて改善する中でトモさんの育成を図ろうという計画です．

ヤル腕づくりのポイント

活動計画：

・特に現状把握，要因解析，対策立案の活動ステップではベテランとトモさんをペアで担当させる

現状把握・要因解析：

・現地，現物での事実確認を徹底

対策の検討：

・データ(事実)に基づいて検討

・他部署との交流(ヒント，視野拡大)

⇒合同サークルの開催，ベンチマーキングの実施

・各自の気付きを基に案を出し合い，全員で検討

こうして，トモさんは，パッキンを溝にはめ込むのではなく外側からひっかけるだけにできれば簡単だ，

と気づくまでに成長したのです．

トモさんの気づきを基に全員で対策案を検討しました．カバー溝と同じ形状の治具にパッキンを外側からひっかけた後カバーを合わせて治具を操作すれば簡単に組みつく「ワンタッチ治具」を完成させ，漏れ不良ゼロを達成しました．

第２期の取組みを通じ，トモさんの問題解決力＝ヤル腕は大きく向上し，サークルもＡゾーンまであと一歩のところまで成長しました．

サークルの次なる課題は，さらなる成長のため，トモさんを中心に全員で難題を解決して自信をつけ，かつての輝きと誇りを取り戻すことです．

【第３期】ヤル場＝難題への挑戦

取り組んだテーマは，「カバー締付不良ゼロへの挑戦」です．ドライバユニットでカバーをネジ締めする際，自動供給されたネジが何らかの原因で落下する不具合の撲滅をねらいます．

このテーマが難題である理由は以下の２点です．

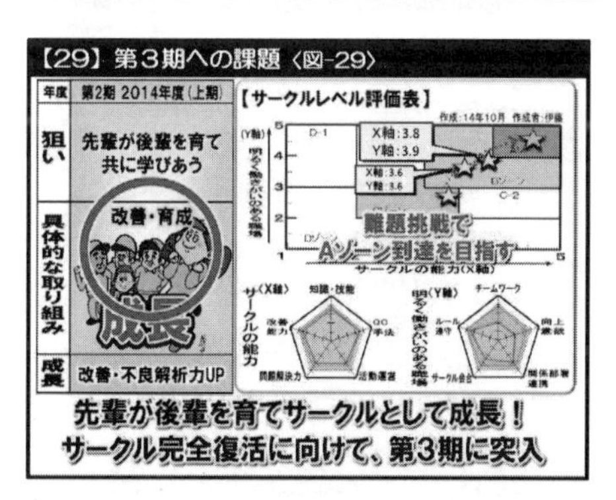

【第３期】

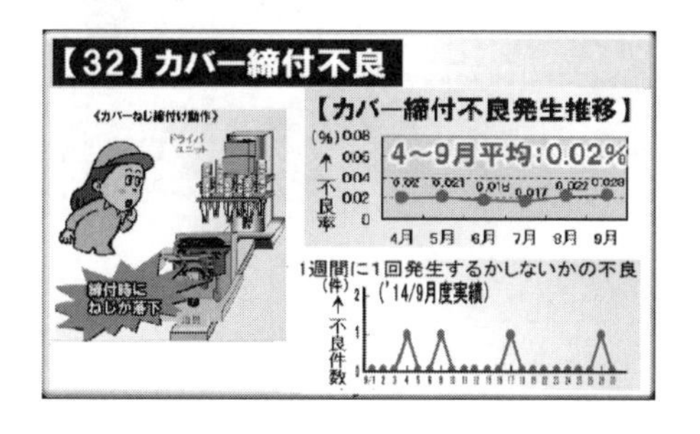

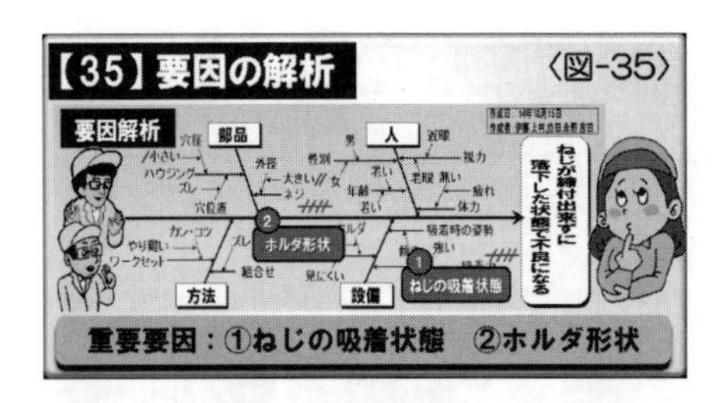

① 発生頻度が非常に少ない

② ネジ締め不良になる瞬間の現象が見えない構造である

このため，対策の糸口すら見いだせず苦慮していた問題でした．

要因の解析から，

①ネジの吸着状態と②ホルダ形状を重要要因として抽出しました．

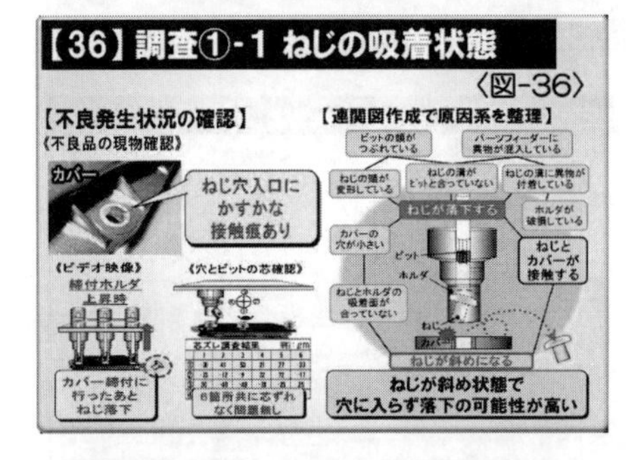

難題克服のポイント

「①ネジの吸着状態」について

不良品を丹念に観察しネジ穴入口に微かな接触痕を発見しました．

種々の状況調査結果も踏まえ．「ネジが斜め状態となり，ネジ穴に入らず落下した」との仮説を立案しました．

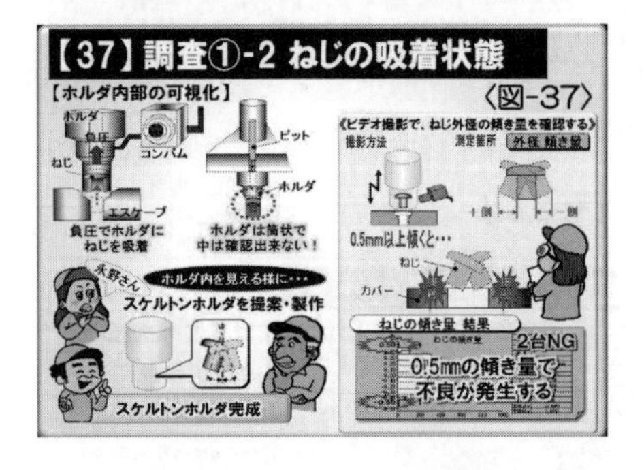

この仮説を検証するためには，ホルダ内部でのネジ姿勢の確認が必須です．ホルダは金属のため，樹脂製のスケルトンホルダを工夫し可視化しました．

ビデオ撮影したネジ姿勢から，0.5mm の傾きで不良が発生し，仮説を定量的に検証することができました．

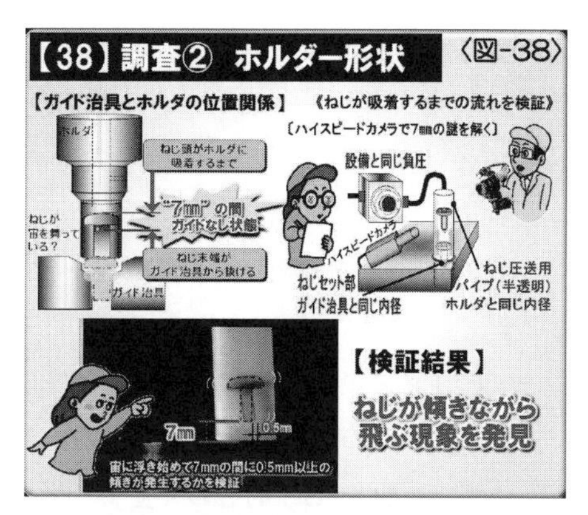

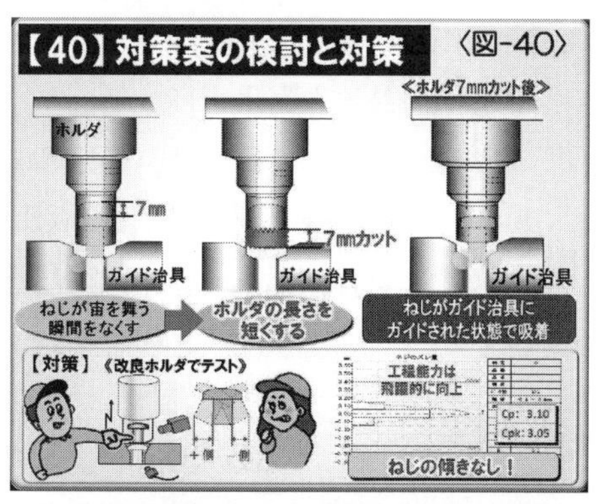

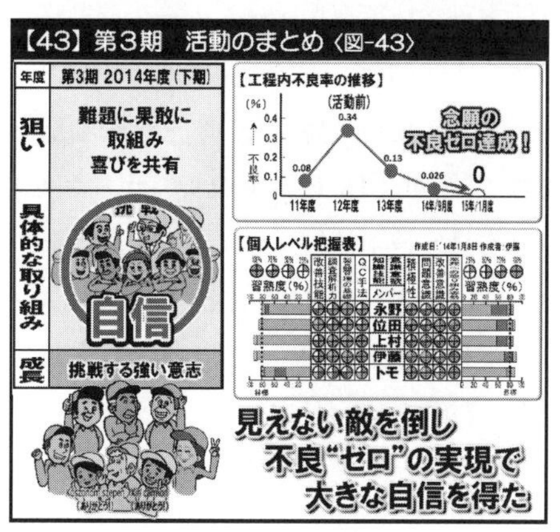

②ホルダ形状について

ネジが傾く原因をさらに掘り下げ，ネジの末端がガイド治具から抜けてホルダに吸着されるまでの7 mmの間，ガイドがない状態になることが傾き発生の原因との仮説を立案しました.

生産技術部に協力を要請し，ハイスピードカメラを使って実験した結果，ネジが傾きながら吸い上げられることが確認でき，仮説を実証しました.

N増しテストにて，7 mmの間に0.5mm以上傾くケースは0.02%と，組付不良発生率とほぼ同じことを確認しました.

対策として，ホルダ先端を7 mmカットし，ネジが常にまっすぐ吸着されるように改善し，カバー締付不良ゼロを達成できました.

第3期は，全員で難題に果敢に挑戦し，見事解決しました．大きな自信につながりました.

こうして，みらくるサークルは，かつての輝きと誇りを取り戻すことができたのです.

参考・引用文献

1） 山村暢洋・荒井康雄・岸本一彦・杉浦忠・鈴木重雄・辻田滋・村山輝夫：『QCサークル はじめ方・すすめ方』，日科技連出版社，1985年.
2） QCサークル本部 編：『QCサークルの基本』，日本科学技術連盟，1996年.
3） QCサークル本部 編：『QCサークル活動運営の基本』，日本科学技術連盟，1997年.
4） トヨタグループTQM連絡会委員会QCサークル分科会 編：『QCサークルリーダーのためのレベル把握ガイドブック』，日科技連出版社，2005年.
5） 細谷克也：『QC的ものの見方・考え方』，日科技連出版社，1984年.
6） 山田佳明 編著，新倉健一・羽田源太郎・松田啓寿 著：『QCの基本と活用』，日科技連出版社，2009年.
7） 山田佳明 編著，新倉健一・羽田源太郎・松田啓寿 著：『QCサークル活動の基本と進め方』，日科技連出版社，2011年.
8） QCサークル本部 編：『品質管理月間テキストNo.407　新しい価値を生み出すQCサークル活動（小集団改善活動）をさぐる』，品質月間委員会，2014年.
9） 『第42回全日本選抜QCサークル大会（小集団改善活動）発表要旨集』，日本科学技術連盟・QCサークル本部，2012年.
10） 『第43回全日本選抜QCサークル大会（小集団改善活動）発表要旨集』，日本科学技術連盟・QCサークル本部，2013年.
11） 『第45回全日本選抜QCサークル大会（小集団改善活動）発表要旨集』，日本科学技術連盟・QCサークル本部，2015年.
12） 『第46回全日本選抜QCサークル大会（小集団改善活動）発表要旨集』，日本科学技術連盟・QCサークル本部，2016年.
13） 『第47回全日本選抜QCサークル大会（小集団改善活動）発表要旨集』，日本科学技術連盟・QCサークル本部，2017年.
14） 『第6回事務・販売・サービス部門全日本選抜QCサークル大会（小集団改

善活動)発表要旨集』，日本科学技術連盟・QC サークル本部，2013 年.

15) 『第7回事務・販売・サービス部門全日本選抜QCサークル大会(小集団改善活動)発表要旨集』，日本科学技術連盟・QC サークル本部，2014 年.

16) 『現場と QC』，第 1 号，日本科学技術連盟，1962 年.

17) 「新任サークルリーダーのイロハ」，『QC サークル』，No.636 ～ 641，日本科学技術連盟，2014 年.

18) 「プレゼンテーションに役立つちょっとしたパソコンのキー操作」，『QC サークル』，No.676，日本科学技術連盟，2017 年.

19) JSQC-Std 31-001：2015 「小集団改善活動の指針」，日本品質管理学会，2015 年.

索　　引

【た】

【な】

【は】

【ま】

【や】

【ら】

【わ】

執筆担当

山田 佳明 ㈱ケイ・シー・シー，元 コマツユーティリティ㈱
……はじめに，第1章，第2章

須加尾 政一 （Q&SGA研究所　代表，(一財)日本科学技術連盟　嘱託）
……第3章，第5章

藤本 高宏 ㈱デンソー
……第4章，第6章

はじめて学ぶシリーズ
QCサークル活動運営の基本と工夫
—ヤル気・ヤル腕・ヤル場の三づくり—

2018年4月24日　第1刷発行

編著者　山田佳明
著　者　須加尾政一
　　　　藤本高宏
発行人　戸羽節文

発行所　株式会社　日科技連出版社
〒151-0051　東京都渋谷区千駄ヶ谷5-15-5
DSビル
電話　出版　03-5379-1244
　　　営業　03-5379-1238

検印
省略

Printed in Japan

印刷・製本　河北印刷株式会社

ISBN978-4-8171-9644-6
URL http://www.juse-p.co.jp/

◆はじめて学ぶシリーズ◆

QCの基本と活用

山田　佳明編著，新倉　健一，羽田　源太郎，松田　啓寿著

これから品質管理に携わる方，新入社員の方など，「QC の考え方・進め方」を初心者向けに解説した入門書です．

QC手法の基本と活用

山田　佳明編著，新倉　健一，羽田　源太郎，松田　啓寿著

QC 七つ道具など，小集団改善活動でよく使われる「QC 手法」の入門書です．

新QC七つ道具の基本と活用

猪原　正守著

はじめて新 QC 七つ道具を学ぶ方のための入門書です．

QCサークル活動の基本と進め方

山田　佳明編著，新倉　健一，羽田　源太郎，松田　啓寿著

これから小集団改善活動に取り組もうとするすべての方のための入門書です．

QCストーリーの基本と活用

山田　佳明編著，下田　敏文，新倉　健一著

これから QC ストーリーを学ぶ方，小集団改善活動でもっと問題解決やまとめ・発表に自信をつけたい方のための入門書です．

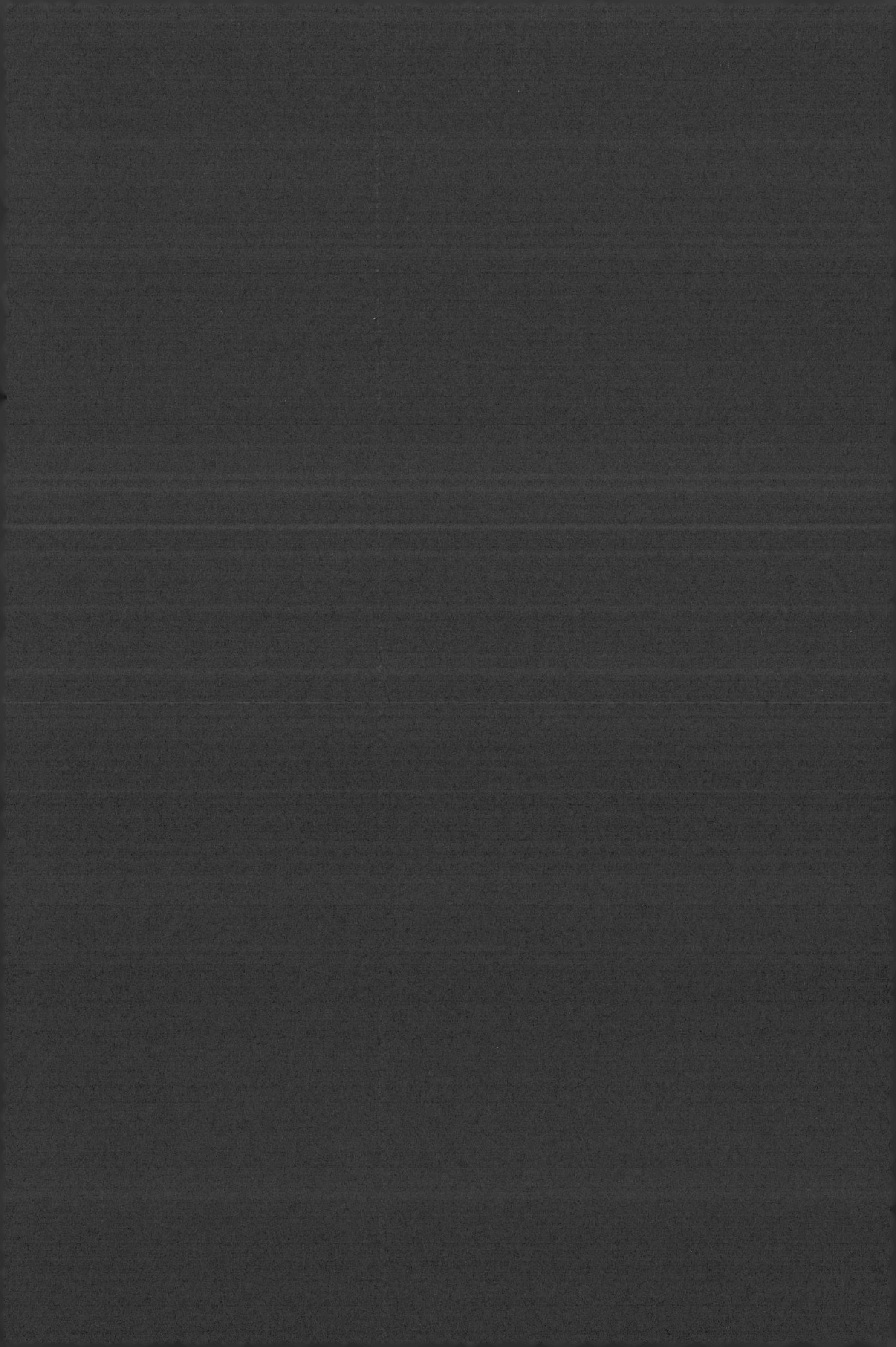